Weltnaturerbe Wattenmeer

Georg Quedens
Ellert & Richter Verlag

Weltnaturerbe Wattenmeer

Inhalt

Weltnaturerbe Wattenmeer – Prädikat für eine einmalige Naturlandschaft

Ende Juni 2009 wurde das Wattenmeer an der niedersächsischen, schleswig-holsteinischen und niederländischen Nordseeküste vom Welterbekomitee der UNESCO als Weltnaturerbe anerkannt. Damit hat diese einzigartige Naturlandschaft über den bisherigen Status als Nationalpark bzw. Naturschutzgebiet eine weltweite Anerkennung erhalten und steht nun in einer Reihe mit anderen berühmten Landschaften wie dem Grand Canyon in den USA, der Serengeti in Ostafrika und dem Great Barrier Reef vor der Küste Australiens, die auch zum Weltnaturerbe gehören. In Deutschland hatte bisher nur die Fossiliengrube Messel bei Darmstadt diesen Status. Das genannte Wattenmeer hat eine Größe von fast 9800 Quadratkilometern, wobei man hofft, dass auch noch Dänemark mit seinen Wattenflächen im Bereich Fanö und Römö sowie die Stadt Hamburg mit den zur Hansestadt gehörenden Wattgebieten vor Cuxhaven bis hin zur Insel Neuwerk den Status beantragen. Hamburg hatte aus wirtschaftlichen Gründen im Jahr 2007 seine Bewerbung wieder zurückgezogen, weil man Behinderungen bei der Elbvertiefung befürchtete.

Grundlage für die Anerkennung des deutsch-niederländischen Wattenmeeres als Weltnaturerbe sind drei Kriterien: Geologie, Ökologie und Biodiversität.

Die Geologie des Wattenmeeres ist gekennzeichnet von einer abwechslungsreichen Landschaft mit Salzwiesen, Stranddünen, Wattenflächen, Seesänden und Sandbänken (Platen), die im Wechsel der Gezeiten ständig neu geformt werden. Das heutige Watt ist eine ganz junge Landschaft, entstanden erst vor etwa 12 000 Jahren im Gefolge des Endes der letzten Eiszeit, des Wiederanstiegs des Meeresspiegels und der Auswirkungen großer Sturmfluten.

Die Ökologie des Wattenmeeres zeigt auf einmalige Weise, wie sich Tiere und Pflanzen an die ständigen Veränderungen dieser amphibischen Landschaft anpassen, wobei sich ganz spezielle Lebensgemeinschaften gebildet haben, noch weitgehend unbeeinflusst von menschlichen Tätigkeiten.

Die Biodiversität, die Vielfalt der Fauna und Flora, aber ist das wohl wichtigste Merkmal des Wattenmeeres. Rund 10 000 Arten, von einzelligen Organismen bis hinauf zu den Kegelrobben, leben hier. Millionenfach kribbeln und krabbeln die Tiere im Sand und im Schlick des Wattbodens, ziehen Fische im Wechsel der Gezeiten in den Prielen und in der nahen Nordsee hin und her, und Hunderttau-

sende von Seevögeln brüten auf den Inseln und Halligen. In der Zugzeit im Frühjahr und Herbst bevölkern bis zu zwölf Millionen Vögel das Wattenmeer, um sich hier für ihre Reisen über Tausende Kilometer zu den Brutgebieten oder den Winterquartieren zu versorgen.
Die hohe Auszeichnung „Weltnaturerbe" wurde aber an der Nordseeküste nicht gleich und nicht von allen akzeptiert. Bürgermeister, Kurdirektoren und Insulaner befürchteten weitere Einschränkungen des Fremdenverkehrs und der Naturnutzung und wiesen darauf hin, dass die Landschaft schon als „Nationalpark" mit dem höchsten Status des Naturschutzes ausgewiesen war. Durch das Prädikat Weltnaturerbe werden aber keine weitergehenden Einschränkungen erlassen, vielmehr stellt diese Auszeichnung den Wert und die Einmaligkeit dieser Meereslandschaft heraus und dürfte ihre Wirkung als Werbefaktor für den Fremdenverkehr nicht verfehlen. Dies ist inzwischen auch an der Küste erkannt, sodass das Prädikat Weltnaturerbe von vielen Seiten Akzeptanz erlebt.

„Zu Fuß durch die Nordsee" heißt der Slogan von Wattenwanderern bei Ebbe an der Nordseeküste. Aber bei Wattenwanderungen muss man den Tidenkalender beachten, mit den Hoch- und Niedrigwasserzeiten, die sich täglich entsprechend dem Mondumlauf um die Erde um eine knappe Stunde verschieben, das heißt verspäten. Denn mancher unvorsichtige Wanderer ist hier draußen schon ums Leben gekommen, weil die Flut mit strömungsstarken Prielen den Rückweg zum Land abschnitt.

Wattenmeer vor der niedersächsischen Nordseeküste. Gezeitenströmungen und Wellengang bauen Düneninseln, Sandstrände und Sandbänke (Platen) im ewigen Wechsel auf und ab. Dabei wandern die Sände von den Westufern fast aller West- und Ostfriesischen Inseln in Riffbögen um die Inseln herum und lagern sich an den Ostufern oder an den Westküsten der Nachbarinseln wieder an. Kein Sandkorn bleibt auf dem anderen – eine Naturlandschaft ewigen Wandels! Dunkel fließen die Priele und größeren Wattenströme durch das Gewirr der Sandbänke. Randzelgat, Memmertbalje, Schluchter, Accumer Ee, Wichter Ee, Otzumer Balje, Dove Harle und Jade sind die Namen von Wattenströmen, in denen die Gezeiten hin und her wechseln.

„Außensände“ werden die riesigen Seesände westwärts der Halligen genannt, die Wattenmeer und Nordsee begrenzen. Sie vermitteln – bis zu zwei Meter über Hochwasser liegend – den Eindruck von Wüsteneien und wandern, von Wind und Wellen getrieben, langsam auf die äußeren Halligen zu.

Strömung und Wellenschlag haben dem festen Wattenboden ein verwirrendes Muster von Rippelmarken eingeprägt, die sich nach jeder Tide wieder verändern. Priele bahnen sich ihren Lauf durch diese amphibische Landschaft, führen das Wasser der Ebbe hinaus in die Nordsee und tragen die nächste Flutwelle heran.

Die Stille nach dem Sturm. Das Sturmtief hat seine Kraft verloren und an der Küste ist es fast windstill geworden. Nur die Wellen sind noch in Bewegung, während die Abendwolken stehen geblieben sind und auf den nächsten Wind warten. Zerfetzte Balken einer Buhne ragen aus dem Strand – Zeichen, dass sie schon zahlreichen Stürmen standhalten mussten.

Stranddünen mit windgeduckten Strandhaferhalmen. Die seeseitigen Küsten der Nordseeinseln sind von hohen Dünenwällen geprägt, gebildet aus Sandmassen, die von der Brandung an die Küste gespült und vom Wind landeinwärts geweht wurden. Sie sind ein natürlicher Küstenschutz für die Düneninseln der Nordsee, aber so, wie sie aus dem Meer aufgebaut wurden, werden sie durch Sturmfluten auch wieder angegriffen und abgebaut.

Gezeitenwechsel: Ebbe und Flut

Hochwasser an der Nordseeküste. Das Watt hat sich zum Wattenmeer gewandelt. An Stränden und Sänden, an Halligufern und Deichen, an Dalben und Buhnen hat die Flut ihren höchsten Stand erreicht und legt sich für eine Weile zur Ruhe. Die Seezeichen stehen aufrecht in der Stille des Stromes und warten auf dessen Kentern (Strömungsumkehr). Möwen und Eiderenten dümpeln auf dem Wasser, und die Halligwarften liegen wie eine Schiffsflotte auf dem Horizont vor Anker.

Die Zeit des Hochwassers dauert nur einige Minuten. Bald zeigen feuchte Ränder am Strand, an Brücken und Uferschutzwerken das langsame Sinken des Wassers an, und Buhnenköpfe tauchen allmählich in langen Reihen aus der Flut auf. Dann dauert es noch einige Zeit, ehe sanft auslaufende Wellen Strände und Ufer verlassen und die Seetonnen sich im mächtiger werdenden Ebbestrom zusehends zur Nordsee neigen. Sände mit Wellen- und Strömungsrippeln und feucht glänzende Schlickflächen, zunächst noch mit unzähligen Tümpeln übersät, steigen aus der fliehenden Flut. Die trockenfallenden Watten werden weiter und breiter, es flüstert und wispert im Schlick von Tieren, die sich bis zur Wiederkehr des Wassers in die Dunkelheit des Bodens verkrochen haben. Von allen Seiten eilen Seevögel herbei, um Nahrungsjagd auf dieses Getier zu machen. Stunden später hat sich die Nordsee bis hinter den Horizont verzogen.

Stundenlang liegt so das Watt und scheint mit Deichen und Stränden, mit Inseln und Halligen zusammengewachsen.

Dann aber kommt wieder Bewegung in den Horizont: Der feine blaue Strich der fernen See beginnt sich zu verbreitern. Die Flut kommt zurück! Die Priele verwandeln sich in silberne oder blaue Bänder, bis das Wasser über die Ränder tritt, die Ebenen des Sandes und des Schlicks überspült und nun in breiter Front gegen die Küste eilt.

Zweimal im Laufe eines Tages und einer Nacht vollzieht sich an der Nordseeküste der Wandel des Landschaftsbildes. Die Gezeiten sind die eigentlichen, prägenden Erscheinungen dieses Küstenraums. Sie vermitteln – anders als die stehenden und müden Meere wie Ostsee oder Mittelmeer – ständig neue Eindrücke und machen sichtbar, wie die Landschaft an der Nordseeküste atmet. An keinem Tag und zu keiner Stunde sind die Bilder gleich.

Gezeiten gibt es auf allen Welt- und in den Randmeeren der Ozeane, sofern sie nicht, wie die Ostsee, durch Landengen und Inseln abgeriegelt sind, sodass die Gezeitenströmung nicht oder nur bedingt wirksam ist. Ebbe und Flut werden von der Anziehungskraft des Mondes auf die Erdoberfläche und durch Fliehkräfte auf der mondabgewandten Seite unseres Planeten verursacht.

Dabei verschiebt sich der Eintritt des Hochwassers und des Niedrigwassers, bedingt durch den länger dauernden Mondtag, täglich um etwa 50 Minuten. Aber auch die Sonne greift regelmäßig in das Gezeitengeschehen ein. Ungeachtet der viel größeren Entfernung von der Erde ist ihre Anziehungskraft infolge der größeren Masse im Vergleich zum Mond noch fast halb so stark wie die des Erdtrabanten. Alle 14 Tage, unmittelbar nach Neu- und nach Vollmond, stehen Mond, Sonne und Erde in einer Geraden, und die zusätzliche Anziehungskraft der Sonne erhöht nun die Fluthügel der Weltmeere, vertieft aber auch die Ebbetäler.

Je nach Küstenformation steigt das Wasser etwa einen halben Meter höher als bei der normalen Flut, die Ebbe fällt entsprechend tiefer. „Springtide" wird diese Erscheinung genannt, die drei bis vier Tage dauert, ehe die Konstellation Erde-Mond-Sonne wieder auseinanderläuft. Zwischen den Springtidezeiten steht die Sonne von der Erde aus gesehen im rechten Winkel zum Mond und wirkt dessen Anziehungskraft entsprechend entgegen, sodass an den Gezeitenküsten an diesen Tagen die „Nipptide" zu verzeichnen ist. Die Flut bleibt dann unter dem durchschnittlichen Mitteltidehochwasser (MTHW), und auch die Ebbe fällt nicht so weit zurück.
Die Nordsee unterliegt jedoch nur etwa 20 Minuten lang der Anziehungskraft des Mondes bzw. der Fliehkraft, sodass sich hier keine selbstständigen Gezeiten ent-

Ebbe im Watt. Die Nordsee hat sich für Stunden zurückgezogen, und vor den Deichen der Nordseeküste und um Inseln und Halligen breiten sich riesige Wattenflächen aus, die zu Wattwanderungen einladen. Man kann von Insel zu Insel gelangen, aber auch die Tierwelt in den Ebbepfützen, in den Prielen und im Wattboden entdecken. An der Festlandküste und auf den Inseln werden regelmäßig Wattenführungen von sachkundigen, oft originellen Wattenführern veranstaltet.

An leeseitigen Inselküsten sind Buhnensysteme, Viereck an Viereck, angelegt. Sie beruhigen die zweimal täglich heranströmende Flut und bewirken das Absetzen von Sedimenten. Ganz langsam und über Jahre und Jahrzehnte wächst der Wattboden in die Höhe, und schließlich bilden sich Salzwiesen, die über dem mittleren Hochwasser liegen. Am Ende steht dann die Gewinnung eines Kooges oder Polders.

wickeln können; denn Gezeiten mit Ebbe und Flut dauern ja jeweils reichlich sechs Stunden. Ebbe und Flut in der Nordsee werden deshalb vom Atlantik bestimmt. An der schottischen und englischen Ostküste läuft die große Silberrinnenwelle (Flutwelle) herab, trifft zwischen England und Holland auf die Flutwelle aus dem Kanal, wird rechtsdrehend umgelenkt und strömt, reflektiert von den West- und Ostfriesischen Inseln, über Helgoland zur schleswig-holsteinischen Westküste. Die von unerfahrenen Nordseebesuchern mit Staunen gestellte Frage „Wo bleibt das Wasser bei Ebbe?“ lässt sich also vereinfachend so beantworten, dass an der Ostküste von England Flutzeit ist, wenn es im Wattenmeer der deutschen Nordseeküste ebbt – und umgekehrt.

Wesentlich für das Erscheinungsbild von Ebbe und Flut ist der Tidenhub, der Höhenunterschied zwischen Niedrigwasser und Hochwasser, bestimmt er doch die Ausdehnung der trockenfallenden Watten. Der Tidenhub hängt ab von den genannten Kräften des Gezeitenwechsels, insbesondere aber von der Küstenformation. Während er längs der Sylter Küste nur etwa 1,70 Meter beträgt, läuft die Flut in der Husumer Bucht 3,36 Meter und in den Buchten von Weser, Jade und Ems bis zu vier Meter hoch auf.
Zu den regelmäßigen Kräften, die Ebbe und Flut auf den Weltmeeren bewegen, kommen unberechenbare andere hinzu – Stürme und Orkane. Diese haben eine wesentlich stärkere Einwirkung auf die Höhe oder Tiefe des Gezeitenwechsels. Weht etwa, wie es bei skandinavischen und sibirischen Hochwetterlagen sowohl

im Sommer als auch im Winter nicht selten der Fall ist, ein steifer Ostwind, dann drückt er gegen die Flutwelle, sodass das Hochwasser erheblich unter normaler Höhe bleibt, das Niedrigwasser aber um bis zu zwei Meter unter die Linie des durchschnittlichen Mitteltideniedrigwassers (MTNW) sinkt und weite Wattenflächen trockenfallen.
Umgekehrt aber stauen Stürme und Orkane aus Südwest bis Nordwest die Flut gegen die Nordseeküste und rund um die Inseln und Halligen höher auf. Rundfunk und Fernsehen geben dann – entsprechend der Voraussage des Bundesamts für Seeschifffahrt und Hydrographie (BSH) in Hamburg – Sturmflutwarnungen mit oft verwirrenden Angaben. Melden sie Fluthöhen, dann handelt es sich hierbei um eine Angabe über Normal Null (NN). „Normal Null" liegt aber etwas unter dem Mitteltidehochwasser. Die Bezeichnung wurde im Jahr 1935 als Horizont der Landvermessung festgesetzt. Aussagekräftiger sind die Angaben von zu erwartenden Sturmfluthöhen mit dem Zusatz „über dem mittleren Hochwasser". Schwere Sturmfluten steigen um die 2,5 Meter über MTHW, Orkanfluten örtlich unterschiedlich sogar um die vier Meter. Verheerender aber als die bloße Höhe des Wassers ist die Macht der Brandung, deren Zerstörungskraft mit der Heftigkeit des Windes wächst.

Schäumende Brandung eilt über die seewärts gewandten Inselstrände. Der Schaum bildet sich, wenn Wellen gegen die Küste laufen, sich im flacher werdenden Wasser aufsteilen, überschlagen und Luft eingeschlossen wird. Wellenauflauf entsteht durch den Wind, bei Sturm werden die Wellen meterhoch, und das Rauschen der Brandung hört sich an wie ein ewig vorbeirollender Güterzug. Nur bei völliger Windstille liegt die Nordsee wie ein blanker Spiegel um Inseln und Halligen.

„Ans Haff nun fliegt die Möwe, und Dämmrung bricht herein; über die feuchten Watten spiegelt der Abendschein", dichtete Theodor Storm über das Ende des Tages im Wattenmeer. „Noch einmal schauert leise und schweiget dann der Wind; vernehmlich werden die Stimmen, die über der Tiefe sind." Vor allem sind es die Stimmen der Seevögel, die auch in der Dämmerung und bei Nacht die Suche nach Nahrung begleiten.

Sturmflut am Deich der Hallig Hooge. Gierig, aber vergeblich branden die Wellen gegen den Steindeich – der „Blanke Hans“ beißt sich die Zähne aus. Erst seit den 1890er Jahren werden die Halligufer durch staatliche Mittel geschützt, sodass den dauernden Landverlusten Einhalt geboten wurde. Bis dahin hatten die meisten Halligen mehr als die Hälfte, manche sogar zwei Drittel ihrer ursprünglichen Landflächen verloren.

Inselwelt im Wattenmeer

Zusammengewachsen mit gelben und grauen Watten bei Ebbe, von Wellen umrauscht während der Hochwasserzeit – so liegen Inseln und Halligen draußen vor den Deichen der Festlandküste im Wattenmeer.
Dabei zeigt uns die Landkarte der Nordseeküste von Inseln und Halligen ein ganz abwechslungsreiches Bild: im nordfriesischen Wattenmeer eine verwirrende Vielfalt von Formen, die auch dem geologischen Laien verraten, dass hier verschiedene erdgeschichtliche Entwicklungen unter oft dramatischen Abläufen das Land gestaltet haben. Vor der ostfriesischen Küste hingegen sieht man eine harmonisch abgerundete Reihe von Inseln, die aus dem Meer geboren sind und alle eine gleichartige Landschaftsform bilden.
Die Entstehung der nordfriesischen Inseln und Halligen steht in unmittelbarem Zusammenhang mit dem nacheiszeitlichen Anstieg des Meeresspiegels und der damit verbundenen Überflutung ehemals zusammenhängender Landschaften. Im Einzelnen hat es jedoch sehr unterschiedliche Entwicklungen gegeben, die zu den verschiedenen Erscheinungen geführt haben.

Sylt, Föhr und Amrum zum Beispiel bestehen im Kern aus Moränen und Sandern der vorletzten Eiszeit (Saaleeiszeit, etwa 250 000–150 000 v. Chr.), die durch eine Aufwölbung des Untergrundes im Miozän hoch aufgelagert wurden und deshalb ungeachtet des nacheiszeitlichen Meeresspiegelanstieges bis heute erhalten blieben. Auch die letzte Eiszeit, die vor etwa 20 000 Jahren zu Ende ging, hat noch in die Gestaltung der Landschaft vor der Westküste von Schleswig-Holstein eingegriffen, obwohl ihre Gletscherfront an der Ostküste haltmachte. Die zur Nordsee strömenden Schmelzwasser trennten jedoch die Geestkerne von Sylt, Föhr und Amrum, sodass es schon sehr früh zur Ausbildung des Inselcharakters kam. Erst nach Beginn unserer Zeitrechnung, ja teilweise erst im Mittelalter, als die ansteigende Nordsee Seesandmassen zur Küste führte, bildeten sich an den Geestkernen von Sylt und Amrum Dünennehrungen, und Teile der Inselgeest wurden von Dünen, entstanden aus dem Seesand, überweht, wobei Siedlungen versandeten und wertvolles Ackerland verloren ging.
Auf Föhr hingegen gibt es keine Dünen. Dort lagerte sich im Lee der Geest fruchtbares Marschenland ab, das eine umfangreiche Landwirtschaft ermöglichte und – neben der Seefahrt – den Wohlstand auf dieser Insel begünstigte.
Auch sonst bestimmten die in der Frühzeit, also etwa um 3000 bis 2000 v. Chr., abgelagerten Marschen das Landschaftsbild an der heutigen Nordseeküste. In dieser Zeit verzeichnete der Meeresspiegel einen Höhepunkt, den er erst in der Gegenwart wieder erreicht hat. Aus

den Marschen, die durch stauende Nässe vermoorten, ehe sie durch erneute Überflutungen und Schlickablagerung wieder in die heutigen Küstenmarschen zurückverwandelt wurden, entstanden die Marscheninseln Pellworm und Nordstrand sowie die Halligen.

Die beiden Inseln, bis zur großen Sturmflut von 1634 noch eine Einheit bildend, wurden im 8. Jahrhundert von Friesen besiedelt, kultiviert und eingedeicht. Die Eindeichung verhinderte fortan die gelegentliche Überflutung und Ablagerung von Schlickmassen, sodass – verbunden mit Sackungen des moorigen Untergrunds – das Land von Pellworm und Nordstrand unter das Niveau des heutigen Meeresspiegels geriet und nur durch starke Deiche gesichert wird. Alle älteren Häuser liegen deshalb auf Deichkronen oder Warften, während die Bauwerke jüngerer Zeit ganz dem Schutz der hohen Deiche anvertraut sind.

Die Halligen sind hingegen nur bedingt Reste der damaligen Küstenmarschen, die übrigens schon lange vor Christus durch prielähnliche Wasserläufe in kleinere und größere Flächen aufgegliedert waren. So wie wir die Halligen heute kennen, wurden sie erst in jüngerer Zeit durch Schlickablagerungen analog dem Meeresspiegelanstieg aufgebaut und liegen etwa 1,5 Meter höher als das frühmittelalterliche Kulturland. Kaum dem Meere entwachsen, begann schon wieder die Zerstörung: der Abtrag an allen Ufern durch die ewig nagende See.

Hörnum-Odde, gesehen aus der Höhe eines Möwenflugs. Die Sylter Südspitze ist ein langer Nehrungshaken, der dem eiszeitlichen Inselkern zugewachsen ist und auch heute noch je nach Laune der Natur von der Nordsee abgebaut wird oder Zuwachs erhält. Erst 1901 wurde die wildromantische Südspitze besiedelt – durch eine Hamburger Reederei, die hier eine Brücke für die Seebäderdampfer und eine Dampfspurbahn bis Westerland baute.

Der Ausschnitt einer Karte im „Atlas Maior“ von Joan Blaeu und Peter van der Krogt von 1662 zeigt die west- und ostfriesischen Küstenabschnitte vom Mündungsdelta des Rheins (links) bis zur breiten Mündung der Elbe in die Nordsee (rechts).

Etliche Halligen verschwanden wieder im Wattenmeer, und andere weisen nur noch ein Fünftel, ja nur noch ein Zehntel jener Größe auf, die sie vor einigen Jahrhunderten besaßen. Erst um 1900 erhielten diese eigenartigen Eilande mit Basalt- und Granitsteinen haltbare Uferbefestigungen, mit denen dem Landraub ein Ende gesetzt wurde. Entsprechend der Flächenreduzierung verminderte sich auch die Zahl der Warften, Häuser und Bewohner. Besonders nach den großen Sturmfluten flohen zahlreiche Halligleute nach Föhr und zum Festland.

Bis heute sind die Halligen in gewisser Weise „Gespielinnen des Meeres“ geblieben und melden etwa zwanzig- bis vierzigmal im Laufe eines Jahres „Land unter“. Nur die Warften ragen dann wie einzelne Inseln aus dem Meer. Bei schweren Orkanfluten werden aber auch sie überflutet, und dann kann es Tote und Trümmer geben. Die letzten schweren Sturmfluten waren in den Jahren 1962, 1976 und 1981. Durch den Einbau von sturmflutsicheren Dachteilen, die auf Betonpfeilern ruhen, leben die Halligbewohner heute jedoch in ziemlicher Sicherheit. Die Wahrscheinlichkeit, auf dem Festland von einem Auto überfahren zu werden, ist jedenfalls sehr viel höher als die Aussicht, auf der Hallig bei einer Sturmflut zu ertrinken.

Das Meer nimmt und gibt. Die lange Reihe der West- und Ostfriesischen Inseln ist aus der Strömung und Brandung geboren, die parallel zur Festlandküste an der Grenze zum Wattenmeer zunächst Sand-

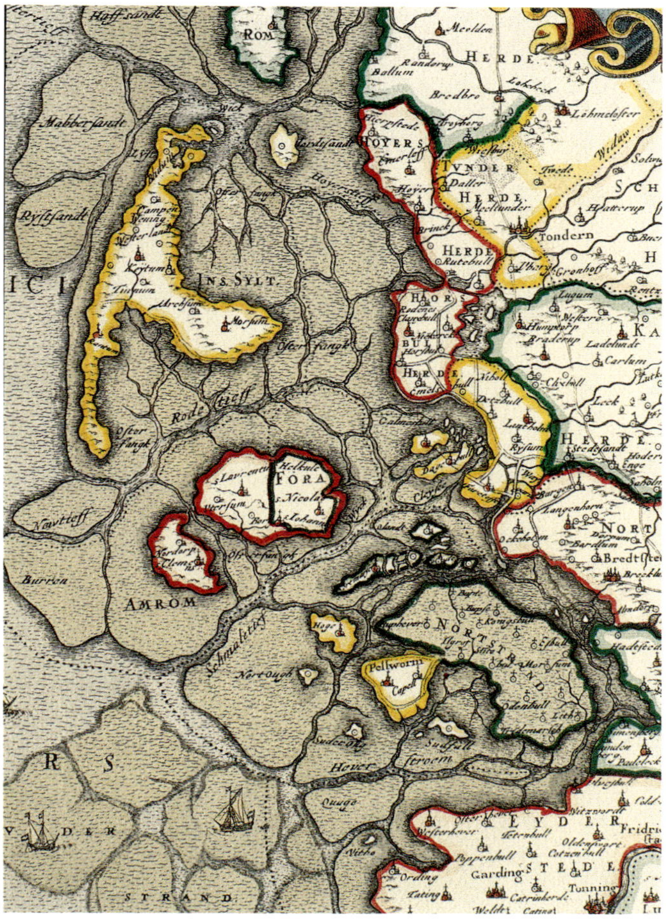

platen aufwarfen. Begünstigt durch ersten zarten Bewuchs von Salzpflanzen, bildeten sich durch sommerlichen Sandflug kleine Dünen, die sich zu lang gestreckten Wällen zusammenschlossen und zusehends höherwuchsen. Gleichzeitig kam es im Wind- und Wellenlee der Dünen zu Schlickablagerungen, und es erhoben sich grüne Salzwiesen, die Heller, über dem Meeresspiegel. Das Meer gönnt dem gerade Geschaffenen jedoch selten Ruhe: Bedingt durch die von Westen nach Osten gerichtete Gezeitenströmung begannen die so entstandenen Inseln zu wandern, teilten sich, verschwanden wieder oder wuchsen mit anderen Inseln zusammen.

Dafür ist vor allem die heutige Insel Norderney ein Beispiel, deren Nachbarinsel Baltrum vor etwa 350 Jahren mit ihrer Westseite noch dort lag, wo sich heute die Ostseite von Norderney befindet. Auch Wangerooge ist ein bemerkenswertes Beispiel für die Ostwärtswanderung der Ostfriesischen Inseln. Um das Jahr 1600 wurde mitten auf der Insel ein gewaltiger Wehr- und Leuchtturm zur Sicherung der Einfahrten in Jade und Weser errichtet. Bis Mitte des 19. Jahrhunderts war die Insel unter dem Turm weggewandert, sodass er schließlich außerhalb ihres Westufers in der Brandung stand. Aus unsinnigen militärischen Gründen wurde der 40 Meter hohe Turm im Ersten Weltkrieg gesprengt, später aber wurde wieder ein ähnlicher auf Wangerooge gebaut – heute das Wahrzeichen der Insel.

Die oberen Karten zeichnete um 1640 der Husumer Kartograf Johannes Mejer in einem Atlas über die Herzogtümer in Schleswig-Holstein. Auf der linken Karte rekonstruierte er eine Darstellung der Landesverhältnisse bis in das Jahr 1240. Sie wird heute sehr kritisch bewertet. Die Landflächen sind weit überzogen und zahlreiche Ortsnamen sind Fantasieprodukte. Die rechte Karte, die Mejer in den vierziger Jahren des 17. Jahrhunderts zeichnete, zeigt Nordfriesland in Umrissen, wie sie damals waren und wie sie noch heute gültig sind.

Ebbe im Wattenmeer: Die Flut ist zur Nordsee geflohen und nur in den Prielen und Senken bleibt Wasser zurück, in dem sich die Wolken spiegeln. Es knistert und flüstert im Schlick, die Tierwelt hat sich in der „Trockenzeit“ im Boden verkrochen und wartet auf die nächste Flut. Vogelrufe hört man hier und da, die Tiere sind unterwegs, um Nahrung zu suchen.

Minsener Oog und Minsener Oldeoog sind Sandinseln, die erst in jüngster Zeit auf einer Wattenfläche aufwuchsen, gelegen nahe der Insel Wangerooge und nur wenige Hektar groß. Wie immer bildeten sich zuerst kleine Dünen mit Salzpflanzen, in deren Lee sich weitere Sandmassen verfingen und zu einem regelrechten Dünenwall auftürmten.

Doch nichts hat am Meer Bestand, und nicht alle Inseln wandern nach Osten. Langeoog und Juist erhalten von ihren Nachbarinseln so viel Sandzufuhr, dass ihre Westküsten stabil geblieben sind. Bei anderen Inseln wurde die Wanderung durch massive Uferschutzwerke zum Stillstand gebracht.

So wie sich die Inseln verlagerten, veränderte sich auch der Lauf der großen Wattenströme, die das Watt zwischen der westostfriesischen Inselkette und dem Festland entwässern. Sie spülen die ostwärts wandernden Sandmassen zunächst weit hinaus auf See, dann kehrt der Sand im Bogen um die Mündungen der Gatts und Baljen (Strömungsrinnen und Priele) herum wieder zur Küste einer Insel zurück.

Im Werden und Wandel des Wattenmeeres sind die Ostfriesischen Inseln nicht allein geblieben, sondern haben noch im 20. Jahrhundert Zuwachs bekommen. Durch das Wirken der Natur, durch menschliche Unterstützung wie zum Beispiel durch Strömungsbauwerke wuchsen weitere Inseln auf: Memmert und Lütje Hörn zwischen Borkum und Juist, Mellum und Minsener Oldeoog an der Außenjade. Ihre Entstehungsgeschichte gleicht der der Ostfriesischen Inseln.

Ein gegenwärtiges Beispiel dieser Entwicklung ist die etwa 170 Hektar große Sandbank Kachelotplate westlich von Juist, die teilweise über Mitteltidehochwasser liegt und Seehunden und Kegelrobben als Ruheplatz dient. Ob sich nach

Ansiedlung von Strandweizen und Strandhafer Dünen bilden und die Kachelotplate damit die Entwicklung zu einer Düneninsel vollzieht, muss abgewartet werden. Oft sind solche Seesände nach Sturmfluten bald wieder verschwunden. Zuerst wachsen auf hohen Watten Sandplaten auf, die sich durch erste spärliche Vegetation und Sandflug weiter erhöhen und im Lee der Dünen Salzwiesen bilden. Alle genannten Eilande sind jedoch unbewohnt. Nur im Sommer hausen hier Vogelwärter und führen ein Robinsonleben unter Tausenden von Seevögeln, die hier brüten. Inseln gleicher Art sind auch der Knechtsand und Scharhörn vor Weser und Elbe sowie die Insel Trischen vor Dithmarschen.

Nicht überall bilden sich auf den Seesänden regelrechte Inseln. Manche bleiben auch, was sie sind – Sandwüsteneien mit wehendem und wanderndem Sand, im Sommer mit sichelförmigen Barchanen (bogenförmigen Dünenwällen) verziert, die von den winterlichen Sturmfluten wieder eingeebnet werden. Solche Seesände liegen an der Grenze des nordfriesischen Wattenmeeres vor den Halligen Süderoog, Norderoog und Hooge. Süderoogsand, Norderoogsand und Jappsand sind die Namen dieser riesigen, bis über zehn Quadratkilometer großen Sände, die selten eines Menschen Fuß betritt, es sei denn, um Bake und Leuchtfeuer auf Süderoogsand zu warten. Aber auch der Kniepsand von Amrum ist ein solcher Seesand, ebenso der Jungnahmensand draußen vor der Insel – Heimat der Seehunde und Kegelrobben.

Der Süderoogsand, der größte der nordfriesischen Außensände, ist eine riesige, mehrere Quadratkilometer große Sandbank an der Grenze zwischen Wattenmeer und Nordsee. Merkmal der Sandbank ist eine Bake, 1867 als Markierung für die Halligschiffer und für die Einfahrt nach Husum erbaut und später mit einem Rettungsraum für Schiffbrüchige und einem Leuchtfeuer versehen. Entsprechend der Ostwärtswanderung des Süderoogsandes musste auch die Bake einige Male versetzt werden, zuletzt im Jahr 1985.

Herbstliches Deichvorland mit blühendem Schlickgras und grünem Queller. Ein Boot liegt bei Ebbe „gestrandet“ im Schlick. Das Wattenmeer ist keine schiffsfreundliche Landschaft. In weiten Bereichen sind Schiffe nur während der Hochwasserstunden unterwegs und können nur in den Prielen und Wattenströmen fahren, die mit Pricken und anderen Seezeichen markiert sind. Nicht zufällig ist deshalb die Nordseeküste mit ihren Sänden und Untiefen ein Landschaftsraum, in dem zahlreiche Strandungsfälle dokumentiert sind.

Hallig-Horizont: Vom Deich des Festlandes, von benachbarten Inseln oder von Schiffen aus gesehen, liegen die Halligwarften wie eine Flotte im Wattenmeer. Kaum ist der schmale Strich des niedrigen Landes zu sehen, der die Warften miteinander verbindet. Aus einer gewissen Entfernung verschwindet er schon hinter dem Horizont. Bei winterlichen Sturmfluten stehen meterhohe Wellen auf dem Halligland, und im Sommer lösen sich die Warften scheinbar aus dem Meer und schweben in der vor Hitze flimmernden Luft über dem Horizont.

Rainer Maria Rilke dichtete: „Weit ist das Land, in Winden eben, sehr hohem Himmel preisgegeben" nach einem Besuch an der Nordseeküste. Tischeben liegt das Wattenmeer unter hohen Wolken und reicht scheinbar bis ans Ende der Welt. Zwischen den Inseln und Halligen und vor den Deichen der Nordseeküste bewegt sich das Wasser im Hin und Her der Gezeiten abwechselnd zum Land und zum Meer. Ein Priel, in dem zwei Wattwanderer nach Muscheln suchen, schlängelt sich durch die Meereslandschaft.

Sommerlicher Badestrand auf dem Kniepsand/Amrum. Der Fremdenverkehr ist die fast alleinige Erwerbsquelle der Insulaner, insbesondere auf den West- und Ostfriesischen Inseln und den nordfriesischen Düneninseln. Beides, Erwerbsleben und Naturschutz, lässt sich bis auf Ausnahmen miteinander vereinbaren. Denn die Natur ist nach Umfragen unter Nordseebesuchern die Hauptattraktion und deshalb ein wesentlicher Faktor des Fremdenverkehrs. Im Hintergrund ist die Südspitze der Insel Sylt, die Hörnum-Odde, zu erkennen.

Werden und Wandel im Watt: Entstehung des Küstenraums

Auf die plattdeutsche Frage „Wat is Watt?“ gibt es eine kurze hochdeutsche Antwort: „Meeresboden, der bei Ebbe trockenfällt.“ Dabei ist es egal, um welche Art Boden es sich handelt. Verbreitet ist etwa die Vorstellung, dass Watt Schlick sei. Schlickwatten sind jedoch selten, höchstens im unmittelbaren Küstenbereich und auch dort nur an Leeseiten oder strömungsruhigen Stellen sowie innerhalb der Lahnungsbuhnen für die Neulandgewinnung zu finden. Nur etwa drei Prozent des Wattbodens an der deutschen Nordseeküste bestehen aus Schlick. Wattboden kann auch trockenfallender Fels sein, wie man ihn zum Beispiel rund um Helgoland oder an anderen Felsenküsten findet. Vor allem aber besteht der Wattboden aus Sand mit einem Muster von Rippelmarken, das Strömung und Wellenschlag hinterlassen haben.

Einförmig und öde erscheinen die Wattenflächen um die Stunden des Niedrigwassers. Erst aus der Höhe eines Möwenflugs offenbart sich eine vielfältig strukturierte Landschaft, die durchzogen ist von Prielen und Strömen. Priele haben ihren Ursprung auf hohen Watten mit einem feinen Geäst zusammenfließender Rinnsale, die ihren schlängelnden Lauf durch Sand und Schlick suchen, Zuflüsse von allen Seiten erhalten und schließlich ein regelrechtes Flussbett bilden, das auch beim tiefsten Stand der Ebbe noch Wasser führt.

Sie winden sich, breiter und tiefer werdend, über etliche Kilometer durch das Watt, bis sie auf einen Wattenstrom treffen, der das Wasser bei Ebbe zur Nordsee führt, um es Stunden später als Flut wieder zurückzubringen. Priele auf hohen Watten sind bei Niedrigwasser nur knie- bis metertief. Die Wattenströme jedoch weisen durch das ständige Hin und Her von unvorstellbaren Wassermengen Tiefen bis zu 30 Meter auf. Oster- und Westerems, die Gatts und Baljen zwischen den Ostfriesischen Inseln, die Wichter Ee und die Jade sind im Bereich des ostfriesischen Wattenmeeres zu nennen; Lister Tief, Vortrapptief, Norderaue, Süderaue und Hever sind die Namen der Wattenströme im nordfriesischen Wattenmeer.

Die Gesamtfläche des bei Niedrigwasser trockenfallenden Wattbodens beträgt an der deutschen Nordseeküste zwischen Holland und Dänemark etwa 3500 Quadratkilometer. So wie das Wattenmeer heute vor den Deichen der Nordseeküste und rund um Inseln und Halligen liegt, ist es eine sehr junge Landschaft, die erst in der erdgeschichtlichen Gegenwart entstand. Vor etwa 20 000 Jahren noch, als am Ende der letzten Eiszeit ein großer Teil der irdischen Wassermenge in den Gletschern der Polkappen und Hochgebirge eingefroren war, lag der Meeresspiegel über 80 Meter tiefer als heute und die Nordsee hatte sich bis über die Doggerbank (in der zentralen Nordsee) zurückgezogen. Hier draußen

Mondaufgang über dem Wattenmeer. Am Horizont versinkt die Silhouette der Hallig Langeneß. Der Mond ist eine der Ursachen für den Gezeitenwechsel auf allen Ozeanen der Welt – eine Erscheinung, die sich besonders an der deutschen Nordseeküste bemerkbar macht, obwohl hier der Tidenhub nur durchschnittlich 2,50 Meter beträgt.

mündeten auch in einem Bett die Ströme zwischen Themse und Elbe.

Dann wurde es wieder wärmer auf der Erde – ein Vorgang, der bis heute ein Rätsel der Natur geblieben ist. Die Gletscher begannen zu schmelzen, und unvorstellbare Wassermassen strömten in die Weltmeere, die zeitweise rasch, in sogenannten Transgressionen, etwa 80 bis 100 Meter anstiegen und große niedrig liegende Küstengebiete überfluteten. Vermutlich war dieser Naturprozess die historische Grundlage der „Sintflut"-Geschichte in der Bibel, in der auch noch andere geologische Vorgänge verarbeitet worden sind.

Das Nordseebecken begann zu ertrinken, bis kurz vor Christi Geburt der Meeresspiegel seinen bisher höchsten Stand erreichte und durch Ablagerungen von Schlickmassen die heutigen Küstenmarschen gebildet wurden. Der Meeresspiegel fiel zunächst auf ein niedrigeres Niveau zurück, ehe im Laufe der letzten 2000 Jahre ein erneuter Anstieg begann, der gegenwärtig unverändert anhält.

Nach örtlich unterschiedlichen Pegelmessungen rechnet man mit einem Anstieg von etwa 30 bis 40 Zentimetern pro Jahrhundert – eine bedenkliche Erscheinung, die an der Nordseeküste zu einer fortwährenden Erhöhung der Deiche und Halligwarften und einer Verstärkung der anderen Küstenschutzwerke zwingt. Etliche Marschenländer liegen schon bei Mitteltidehochwasser unter dem Meeresspiegel. Seit einiger Zeit wird diskutiert, inwieweit der Mensch durch seine Industrie- und Autoabgase eine zusätzliche Erwärmung des Klimas bewirkt und damit das Abschmelzen weiterer Gletschermassen und den Anstieg des Meeresspiegels begünstigt. Unabhängig davon muss aber festgehalten werden, dass es sich hierbei vor allem und unverändert um eine natürliche Erscheinung handelt.

Das heutige Wattenmeer erreichte in der Mitte des 17. Jahrhunderts, nach dem

Dünen, vor allem die fast vegetationslosen Wanderdünen, sind immer in Bewegung und müssen mit Strandhafer gesichert werden. Das Gleiche gilt für Stranddünen, die mittels Buschwerk und Halmpflanzung befestigt werden müssen – eine dauernde, umfangreiche Aufgabe des Küstenschutzes.

Untergang der großen Insel Strand im nordfriesischen Halligwatt, seine bisher größte Ausdehnung. Seitdem befindet es sich flächenmäßig – ungeachtet des Meeresspiegelanstiegs – auf dem Rückzug. Allerdings nicht infolge natürlicher Vorgänge, sondern durch die Tätigkeit des Menschen, der in über fünfhundertjährigem Ringen mit der Nordsee einen Teil jenes Landes zurückgewann, das in der Frühzeit verloren gegangen war. Durch den Bau von Buhnen und Dämmen wurden und werden Strömung und Wellenschlag beruhigt, und aus der täglichen Flut lagern sich Schlick und andere Sedimente ab. So wächst das Watt über Jahrzehnte in die Höhe und steigt, unterstützt von fortwährenden Grüppelarbeiten, schließlich über Mittelhochwasser, begrünt sich mit Salzpflanzen und wird eines Tages sturmflutsicher eingedeicht. (Grüppel sind künstlich ausgeworfene Gräben zur Förderung der Sedimentation, also zur schnelleren Erhöhung des Wattbodens.) „Polder“, „Binnengroden“ und „Koog“ werden solche Eindeichungen genannt.

Im Schutz der Deiche lassen sie sich bald besiedeln, und eines Tages weidet hier Vieh und wird Getreide geerntet, wo noch wenige Jahre zuvor Ebbe und Flut regierten.

So ist das Wattenmeer eine Naturlandschaft, die durch Landgewinnung und Bedeichung begradigte Festlandküste jedoch ein Werk der Menschen.

Die Einzigartigkeit der Gezeitenlandschaft, die Dramatik ihrer geologischen Geschichte – von Sturmfluten und Zerstörungen, aber auch von neuem Werden und Wandel geprägt –, insbesondere aber ihre Fülle an Fauna und Flora, hat immer wieder Naturfreunde in ihren Bann gezogen. So sind viele Besucher der Nordseeküste nicht bloß Kurgäste, sondern sie suchen auch das Erlebnis der Naturlandschaft.

Natur ist aber immer dort, wo der Mensch eingreift, in Gefahr. Schon bald

„Landgewinnung ist der beste Küstenschutz" heißt es an der Küste. Zu diesem Zweck wird ein System von Buhnen gebaut, die künstliche Buchten bilden und Strömung und Wellengang der täglich hereinströmenden Flut beruhigen. So können sich Sedimente ablagern, die allmählich über Jahre und Jahrzehnte den Wattboden erhöhen. Zwischen den Buhnen liegt Buschwerk eingepresst – eine Arbeit, die von Zeit zu Zeit erneuert werden muss.

nach 1900 erkannte man die Bedrohung der Vogelwelt durch die Zunahme des Fremdenverkehrs, gründete Vereine und richtete Seevogelschutzgebiete auf Inseln und Halligen ein.

Lange Zeit blieb es bei diesen ersten Schutzmaßnahmen. In den 1960er/70er Jahren kamen Nordsee und Wattenmeer dann zunehmend in die Schlagzeilen: Man las über die Schadstoffbelastung der Nordsee, die die Seehunde gefährdete, von Fischen mit Geschwüren, und immer wieder kamen Meldungen über das Sterben Tausender Seevögel an der „Ölpest". Dies alles waren Indizien dafür, dass über die Flüsse der umliegenden Industriestaaten immer mehr Schadstoffe in die Nordsee gelangten und Fauna und Flora belasteten. Die Landwirtschaft und Privathaushalte trugen ebenso zu dieser Entwicklung bei wie die Immissionen aus der Luft. Die Naturlandschaft wurde aber auch bedrängt durch Ölbohrungen. Am Ende jahrelanger Diskussionen stand schließlich die Erklärung des Wattenmeeres an der deutschen Nordseeküste zum „Nationalpark" (Schleswig-Holstein 1985, Niedersachsen 1986 und Hamburg 1990) mit der höchsten Stufe des Naturschutzes. Allerdings gibt es noch einiges zu tun. Trotz etlicher Einschränkungen werden traditionelle, fragwürdige Nutzungsformen praktiziert, und auch der Fremdenverkehr belastet als fast alleinige Erwerbsgrundlage der Insulaner und Küstenbewohner den sensiblen Naturraum. In den letzten Jahren sind immerhin die Flüsse und damit die Nordsee sauberer geworden, und etliche Tiere, so alle Möwenarten, Austernfischer, Eiderenten, Seehunde und Schweinswale, haben sich bis an mögliche Obergrenzen vermehrt. Für Schweinswale wurde eigens im Seebereich vor Sylt und Amrum 1999 ein umfangreiches Schutzgebiet eingerichtet, und die Nationalparkgrenzen wurden erweitert.

Große gelbe Wolke eines abziehenden Regentiefs über dem Strand. Die Meereslandschaft lebt von den Wolkenformationen, die über den Ebenen von Sand und Schlick im hohen Himmel ihr Spiel entfalten, getrieben vom Wind. Blauschwarze Sturmwolken steigen über den Horizont und wehen mit triefenden Regenfäden herab. Dann reißen die Wolken auseinander und es türmen sich wahre „Wolkengebirge“ auf, die vor dem Wind von Westen nach Osten eilen. Anderntags stehen Sommerwolken über Wattenmeer, Inseln und Halligen ganz still. Aber immer ist im Himmel „was los“.

Die Deiche an der Nordseeküste gehören zu den größten Bauwerken der Menschheit. Rund um Nordstrand und Pellworm sind die Deiche besonders hoch, weil das Marschland beider Inseln teilweise unter dem Meeresspiegel liegt. Bis Ende des 19. Jahrhunderts war der Deichbau eine Angelegenheit der Insulaner, ehe der Küstenschutz zur Staatsaufgabe deklariert wurde. Seitdem sind die Deiche immer wieder verstärkt worden. Eine wichtige Aufgabe bei der Deichpflege übernehmen Schafe, die zu Tausenden den Deich bevölkern, um die Grasnarbe kurz und dicht zu halten.

Nicht jedes Jahr legt der Winter sein weißes Kleid über Nordsee, Wattenmeer und Strand. Der Einfluss des Golfstroms und atlantische Tiefs mit Warmluft wehren dem Frost. Erst mit länger dauernden Hochwetterlagen im Eismeer oder in Sibirien drängt die Kälte in die Küstenlandschaft. Der Flutsaum verwandelt sich in ein Filigranwerk aus erstarrtem Wellenlauf, und bald tanzen kleine Eisschollen im Gezeitenstrom.

Kribbeln und Krabbeln: Tiere im Watt

Im Wattenmeer kribbelt und krabbelt das Leben wie sonst nur an wenigen anderen Stellen unserer Erde. Mancherorts leben über 100 000 dem bloßen Menschenauge sichtbare Tiere auf einem Quadratmeter Wattboden. Darunter sind mit bis zu 70 000 die nur wenige Millimeter kleinen Wattschnecken und mit bis zu 40 000 die etwa einen Zentimeter langen Schlickkrebse zu nennen. Grundlage dieser Lebensdichte sind vor allem Kieselalgen (Diatomeen), die an etlichen Stellen den Wattboden als braunen Belag überziehen, sowie das tierische und pflanzliche Plankton, das mit jeder Flut auf das Watt getragen wird.

Dabei ist das Watt mit seinen wechselnden Daseinsbedingungen auf den ersten Blick für Pflanzen und Tiere ein eher problematischer Lebensraum. Während der Salzgehalt der Nordsee etwa 3,3 Prozent beträgt, steigt an heißen Sommertagen in Pfützen und Senken durch Verdunstung der Salzgehalt in kurzer Zeit deutlich an, so wie er sich bei anhaltendem Regen auf dem Ebbewatt entsprechend vermindert. Erheblich sind auch die Temperaturunterschiede im Wechsel der Gezeiten und Jahreszeiten. Geradezu lebensfeindlich ist ein großer Teil des Wattbodens nur wenige Zentimeter unter der Oberfläche – in der sogenannten Reduktionszone. Hier ist der Sauerstoff durch den bakteriellen Abbau von Sedimenten völlig verzehrt und es riecht auffallend und faulig nach Schwefelwasserstoff. Ohne Verbindung mit Sauerstoff könnte hier kein Tier leben. Wenn es dennoch von Muscheln, Würmern und anderem Klein- und Kleinstgetier wimmelt, dann, weil sie über Röhren und Siphons Verbindung zur Oberfläche und zum Flutwasser mit seiner Sauerstoff- und Nahrungsversorgung haben.

Das Entdecken der Tier- und Pflanzenwelt im Wattenmeer und in der küstennahen Nordsee beginnt schon unmittelbar am Strand. Dort hat die letzte Flut ihren höchsten Punkt durch den Flutsaum markiert. Er besteht vorwiegend aus Meeresgewächsen, übers Jahr gesehen vor allem aus den Bündeln des dunkelbraunen Blasentangs, der sich überall auf Buhnen und Küstenschutzwerken angesiedelt hat und dort von Wellen und Strömung losgerissen wird. Im Hochsommer dominieren die grünen Blätter des Meersalats, der sich auf strömungsruhigen Wattenflächen oft über etliche Hektar ausbreitet. Auch die in der Uferzone wachsenden grünen Darmalgen und die dunkelgrüne, oft trossenartig aufgerollte Borstenhaaralge gehören zu den regelmäßigen Funden im Flutsaum. Andere Algen stehen in tieferem Wasser oder auf Felsen und werden nach Sturmfluten angespült, so der Sägetang, Knotentang, Fingertang, die meterlange, dünne Meersaite oder der Zuckertang mit seinen derben Stängeln und breiten Blättern. Von den Rotalgen ist der Purpurtang am häufigsten.

Der Flutsaum ist aber auch der Friedhof des Seegetiers. Handgroße, gelbgoldene

Büschel – Seemoos und Korallenmoos – sehen wie Pflanzen aus, sind aber dennoch Tiere: Hydroidpolypen, die unter der Niedrigwasserlinie auf festem Grund, auf Steinen und Muschelschalen, wachsen. Vor allem aber findet der Strandwanderer Muschelschalen und Schneckengehäuse, die Panzer längst abgestorbener Weichtiere: Herzmuscheln, Plattmuscheln, Tellmuscheln, Pfeffermuscheln, Teppichmuscheln, verschiedene Arten von Klaffmuscheln, Miesmuscheln, die Amerikanische Bohrmuschel und neuerdings – ebenfalls von amerikanischen Küsten in die Nordsee eingeschleppt – die lange Amerikanische Schwertmuschel. Auch Austernschalen liegen am Strand und im Wattboden, obwohl diese Art an deutschen Küsten als ausgerottet gilt. Neben den Strandschneckengehäusen fällt vor allem jenes der Wellhornschnecke auf. Von ihr stammen auch die faustgroßen Eiballen, die überall herumliegen. Andere Meerestiere stranden nur zu bestimmten Jahreszeiten, so die verschiedenen Arten der Quallen: Ohren-, Lungen-, Kompass- und die Gelbe und Blaue Haarqualle. Sie erscheinen, jede zu ihrer Zeit, zwischen Juni und September. Aber nur die beiden Haarquallenarten sind durch ihre Nesseln für den Menschen gefährlich. Quallen bestehen zu etwa 98 Prozent aus Wasser und sind in Sonne und Wind schnell vergangen.

Dicht an dicht bedecken die Kothäufchen der Wattwürmer den Wattboden. Zwischen den „Sandkringeln“ finden sich Trichter und Löcher, entstanden durch den Wurm, der den Sand nebst Nahrungsstoffen zu sich in die Tiefe saugt.

Etliche Tiere kommen nur ganz selten auf den Strand, so die knapp daumengroßen Entenmuscheln, die oft dicht an dicht an Treibgut hängen. Sie gehören gar nicht zur Familie der Muscheln, sondern zu den Krebstieren. Ganz selten treiben auch tote oder sterbende Tintenfische an. Sie werden – wie das andere Getier – schnell von Möwen gefunden und aufgefressen. Regelmäßiger aber liegen ihre kalkigen, weißen Rückenschulpe im Flutsaum des Strandes. Relativ selten stranden auch Seesterne und andere Stachelhäuter wie Strand- und Seeigel. Der pelzartig mit dünnen Stacheln behaarte Herzigel, der weit draußen im Untergrund lebt, fehlt jahrelang im Flutsaum und liegt dann plötzlich in Massen da, wenn eine Kolonie abgestorbener Gehäuse durch Verlagerung des Meeresbodens freigespült wurde.

„Ich höre des gärenden Schlammes geheimnisvollen Ton“, schrieb Theodor Storm in seinem Gedicht „Meeresstrand“ über das Wispern und Flüstern im Wattenschlick, und er meinte, Stimmen aus dem legendären versunkenen Rungholt zu hören. Tatsächlich aber wird dieses eigenartige Wattengeräusch vom Riesenheer der Schlickkrebse erzeugt, die aus fingertiefen Röhren zur Oberfläche kommen und dort mit ihren langen Fühlern Nahrung suchend herumkrabbeln. Jedes Mal, wenn sie die Fühler auseinanderspreizen, reißt die Wasserhaut dazwischen mit einem kaum hörbaren „Zipp“. Kein einzelnes Tier, auch keine hundert von ihnen würden dieses Geräusch dem Menschenohr hörbar machen. Es sind jedoch Hunderttausende, die hier zugleich kribbeln und krabbeln.

Das vielfältige Tierleben des Wattenmeeres beginnt schon knapp oberhalb der Hochwasserlinie. Hebt man ein Stück Strandgut hoch, das dort längere Zeit gelegen hat, dann schnellen die zu den Krebstieren gehörenden Sandhüpfer in alle Richtungen davon. Sie hatten unter dem Strandgut Deckung gesucht. Mancherorts verraten unzählige groschengroße Krümelhäufchen die Anwesenheit des kurzflügeligen Salzkäfers Bledius, dessen Wohnröhren so konstruiert sind, dass sie bei Überflutung genügend Sauerstoff speichern, um bis zur nächsten Ebbe das Überleben zu sichern.

Die Besiedelungsdichte der Schlickwattzone wird vorwiegend von der Wattschnecke mit bis zu 70 000 Exemplaren pro Quadratmeter bestimmt. Wattschnecken werden nur etwa zwei bis drei Millimeter groß und fallen daher nur in der Masse auf, wenn die leeren Gehäuse oft wallartig und in Milliardenmengen am Wattufer aufgespült sind.

Die unmittelbare Uferzone ist auch Lebensraum der Strandschnecken. Während der Ebbezeit sitzen diese Tiere dicht an dicht auf Booten und Buhnen, Küstenschutzwerken und anderen festen Gegenständen. Etliche Strandschnecken sind auch bei Ebbe unterwegs und ziehen lange Schleifspuren durch Sand und Schlick. Festwerke der Uferzone ermöglichen die Besiedlung durch Seepocken, die sich auf Buhnen, Dalben und Kaimauern bis an die Hochwasserlinie wagen, wo sie täglich nur kurze Zeit vom Wasser bedeckt werden. Sie gehören zu den Rankenfüßlern und somit zur großen Familie der Krebstiere.

Viele Tiere des Wattenmeeres sind bei Ebbe verborgen. Zum Schutz gegen Vertrocknen, Wärme oder Kälte und stochernde Seevögel haben sie sich in Sand und Schlick verkrochen. Nur dem kundi-

gen Auge verraten entsprechende Spuren an der Oberfläche ihre Anwesenheit. Besonders auffällig sind die Sandkringel, die Kothäufchen der Wattwürmer, die oft weithin die Oberfläche des Sandwatts und des Sandwatts bedecken. Dazwischen liegen trichterartige Vertiefungen. Hier haust der Wattwurm in u-förmigen, schleimverkitteten Röhren, deren Ein- und Ausgänge an die Bodenoberfläche reichen. An einem Röhrenende steigt der Wurm herauf, saugt den Sand herunter, kaut ihn durch und nimmt dabei die darin enthaltenen Nahrungsstoffe auf. Der gefilterte Sand wird am anderen Röhrenende zur Oberfläche ausgeschieden, sodass sich unablässig Sandkringel bilden. Weniger auffällig sind dagegen die Oberflächenspuren von Blutfaden-, Seeringel-, Meerringelwurm und weiteren Arten von Borstenwürmern. Sehr selten sind auch die exakt gekitteten Röhren der Köcherwürmer zu finden, deren offenes Ende mit der Oberfläche des Wattbodens abschließt, während unten der Wurm mit golden schimmernden Grabborsten im Schlick nach Nahrung gräbt. Unübersehbar sind die aus Muschelbruch und Sand gebildeten

Seesterne, durch eine Sturmflut auf den Strand geworfen. Sie gehören zur Familie der Stachelhäuter und sind mit den Seeigeln verwandt. Ihre Hauptnahrung sind Miesmuscheln, die sie ansaugen und mit Hilfe ihrer Arme öffnen. Umgekehrt sind Seesterne, sofern sie an die Küste geraten, eine Beute der Großmöwen und werden mit „Haut und Haaren“ gefressen.

Röhren der Bäumchenröhrenwürmer, die knapp fingerhoch aus dem Boden ragen und oft rasenartig dichte Kolonien bilden. Der bunt schillernde Wurm sitzt bei Ebbe tief im Boden, kommt aber bei Flut an das krause Kopfende seiner Röhre, um Nahrung einzufangen.

Massentiere des Wattenmeeres sind etliche Muschelarten, deren Schalen im Flutsaum des Strandes gefunden werden. Doch lebend – beide Schalenhälften zusammengeklappt, darin das eigentliche Weichtier – sieht der Wattenwanderer nur wenige von ihnen. Fast alle leben eingegraben im Wattboden und haben nur über Schläuche (Siphons) Verbindung zur Oberwelt. Erschreckt von einem Wanderer, zieht die Sandklaffmuschel nicht selten ihren Siphon plötzlich ein, sodass eine kleine Fontäne aus dem Boden spritzt, die die Anwesenheit dieses Tieres unter einer trichterartigen Vertiefung verrät.

Die Herzmuschel kann sowohl auf als auch im Boden leben, weil sie von allen Arten die beweglichste ist. Insbesondere aber dominiert auf dem Wattboden die blauschwarze Miesmuschel, die sich zum Klumpen zusammenschließt oder auf ausgedehnten Bänken siedelt. Miesmuscheln haben eine unvorstellbare Vermehrungskraft. Ein Weibchen stößt im Frühsommer bis zu zwölf Millionen Eier aus, von denen die meisten allerdings irgendwohin treiben, wo sie nicht lebensfähig sind und als Nahrung für andere Tiere dienen.

Auch Seesterne leben von Miesmuscheln. Sie umklammern eine Schale und öffnen sie schließlich durch stundenlangen Zug ihrer Arme. Eiderenten tauchen nach Miesmuscheln und fressen sie mitsamt der Schale. Diese Muschel ist auch Objekt einer ausgedehnten Fischerei. Miesmuschelbänke, oft mit Tang bewachsen, sind wiederum Lebensraum anderer Tiere, beispielsweise der Käfer- und der Pantoffelschnecken, deren Gehäuse auf Muschelschalen sitzen, dort aber so angepasst sind, dass man sie kaum erkennen kann.

Lebensräume besonderer Art sind die Priele. Hier bleibt auch beim tiefsten Stand der Ebbe Wasser zurück und begünstigt so ein andersgestaltiges Leben als auf dem trockenfallenden Watt.

Setzt man seinen Fuß in einen Priel, dann stieben oft Scharen von Grundeln, anderen kleinen Fischen und Garnelen auf und verziehen sich in das Dunkel der Tiefe. Auch Flundern und andere Plattfische flüchten, eine Spur aufgewirbelter Sandwolken hinterlassend. Sie lagen hier eingebuddelt im Sand und warteten auf die Wiederkehr der Flut. Hebt man ein Tangbüschel auf, das im sanften Strom hin und her wedelt, eilen kleine Glasaale, manchmal auch erwachsene Aale heraus und bringen sich schlängelnd in die Sicherheit eines anderen Algenbüschels. Auch Strandkrabben halten sich hier verborgen und laufen quer zu ihrer Körperachse, wie es ihre Art ist, davon, drohend ihre Scheren spreizend. Plötzlich sind sie dann verschwunden, rückwärts eingebuddelt im weichen Sand. Hebt man ein Wellhornschneckengehäuse hoch, das am Prielgrund liegt, dann steckt fast immer ein Einsiedlerkrebs darin. Der Einsiedler

hat einen weichen, ungepanzerten Hinterleib und sucht sich daher ein leeres Schneckengehäuse, um sich darin zu schützen. Obwohl das Gehäuse wesentlich schwerer ist als sein neuer Bewohner, eilt der Krebs damit noch behände umher, zieht sich bei Gefahr aber weit zurück, sodass die Spitzen seiner Scheren den Eingang passgenau verschließen. Festkörper wie Muschelbänke, Küstenschutzwerke, Seezeichen oder Wrackteile in Prielen sind fast immer von Seenelken oder Seeanemonen besiedelt. Wie rot und orange leuchtende Blumen stehen diese Gebilde mit ihren blütenartigen Tentakelkränzen im Wasser. Aber es sind keine Blumen, sondern Tiere – Nesseltiere, mit den Quallen verwandt – und nicht ungefährlich für ihre Umgebung. Kleine Seetiere werden zuerst durch das Nesselgift betäubt und anschließend verzehrt.
Priele sind auch die „Wildwechsel" im Watt. Mit der Flut wandern zahlreiche Fische – Scholle, Butt und Flunder, Steinpicker und Seeskorpion, Aal und Aalmutter, im Frühsommer Hornfisch und im Sommer Meeräsche und Makrele – zur Nahrungssuche über diese Wasserwege herauf auf das Watt – so wie sie bei Ebbe wieder seewärts entschwinden.

Der lange, derbe Schnabel des Austernfischers verrät, dass er ein „Stochervogel" ist, der seine Nahrung, Regenwürmer in den Wiesen und Wattwürmer im Watt, aus dem Boden stochert. Er findet aber auch Bodeninsekten und deren Larven, kann im Seichtwasser offene Miesmuscheln erbeuten und sogar die Panzer von Krebstieren knacken. Nur Austern fischen kann der Austernfischer nicht!

Über Seesände und Inselstrände weht ein ewiger Wind und setzt den Sand in langen Schlieren in Bewegung. Mengen von Muschelschalen – hier am Strand der ostfriesischen Insel Spiekeroog (im Hintergrund Langeoog) – aber halten den Sand fest, und im Windlee bilden sich sogenannte Sandfahnen mit eindrucksvollen Mustern in einer ansonsten konturenarmen Landschaft.

Delikatessen aus dem Wattenmeer: Austern und Miesmuscheln

Entdecken wir heute auf einer Speisekarte in einem Restaurant an der Nordseeküste Austern, dann handelt es sich um Austern aus Zuchtanlagen. Es sind auch nicht die handtellergroßen, rundlichen Nordseeaustern mit dem wissenschaftlichen Namen *Ostrea edulis*, sondern die *Crassostrea gigas* aus nordpazifischen Gewässern, die eine längliche Form haben.

Ostrea edulis gilt im Bereich der deutschen Nordseeküste – von wenigen Restbeständen abgesehen – als ausgerottet. Unverändert liegen jedoch im Flutsaum des Strandes und verstreut auf den Wattenflächen die großen Schalen der schon vor Jahrzehnten und Jahrhunderten abgestorbenen Muscheln. Austern haben jahrtausendelang im Leben der Küstenbewohner eine große Rolle gespielt. Ausgrabungsfunde in Dänemark und auf den nordfriesischen Geestinseln von sogenannten Kökenmöddingern (Muschelabfallhaufen) mit Schichten von Muschelschalen wiesen auf die Bedeutung dieser Muschel für die Ernährung hin, aber auch auf ihre Rolle bei kultischen Handlungen in der Zeit des Asaglaubens, also des Kultes um die nordisch-germanischen Götter. Sie dienten offenbar als Opfergaben für die Götter Thor und Wodan.

Später beanspruchte der jeweilige Landesherr die Austern als königliches Regal (Hoheitsrecht), wie ein Erlass des dänischen Königs Friedrich II. aus dem Jahr 1587 zeigt. In diesem Erlass werden die Bewohner der Uthlande, des heutigen nordfriesischen Wattenmeeres, verpflichtet, entdeckte Austernbänke der Obrigkeit zu melden. Ihnen selbst wurde bei Strafe verboten, Austern einzusammeln. Das Königshaus bewirtschaftete die Austernbänke aber nicht selbst, sondern verpachtete sie an Kaufleute, die wiederum Fischer von Inseln und Halligen mit dem „Austernstrich“ beauftragten. Austernbänke liegen unter der Niedrigwasserlinie, sodass sie gefischt oder gestrichen werden müssen. Dies geschah mittels kleiner Segelkutter, die mit Streicheisen und -netzen über die Bänke segelten und die Austern einstrichen. Bei Windstille gingen die Kutter am Rand der Bänke vor Anker, ließen sich an langen Ankertauen über die Bänke treiben und fierten die Netze aus, die mittels einer Winde wieder aufgeholt wurden – eine Arbeit, die lange Zeit in Händen der Fischerfrauen lag, die das Ankerspill bedienten. Die Fischer arbeiteten für Lohn, mussten aber auf ihre Kosten jährlich auch „Deputat-Austern“ für den Königshof und andere Obrigkeiten streichen und ihren Kopf hinhalten, wenn es Streit um die Austernbänke zwischen den verschiedenen Landesherren gab. Um das Jahr 1740 fanden insgesamt 32 Sylter und Amrumer Familien bei der Austernfischerei Arbeit und Brot.

Die Landesherrschaft machte jedoch den Fehler, durch überhöhte Deputat- und Pachtforderungen die Pächter zum Raubbau an den Austernbänken zu nötigen,

Unverwechselbar sind die rauschichtigen Schalen der Austern, die zu den regelmäßigen Funden am Strand gehören. Bänke mit lebenden Beständen der einheimischen Art *Ostrea edulis* sind jedoch derzeit im Wattenmeer unbekannt. Alle Austern auf Speisekarten stammen aus Zuchtanlagen. Das Foto zeigt Pazifische Felsenaustern.

um die Kosten zu decken. Schon Mitte des 19. Jahrhunderts mussten deshalb Saataustern von französischen und portugiesischen Küsten importiert und auf den leer gefischten Bänken ausgestreut werden. Der Erfolg hielt sich jedoch in Grenzen, weil die Auster ein sehr empfindliches Tier ist und spezielle Ansprüche hinsichtlich Salzgehalt, Temperatur und Untergrund stellt. Als dann die Pachtgesellschaft kurz nach 1900 einen Austerndampfer namens „Gelbstern“ mit höherer Fangquote in List auf Sylt stationierte und die einheimischen Fischer entlassen wurden, waren die Bänke im nordfriesischen Wattenmeer bald restlos ausgebeutet.

Im Bereich von Helgoland gab es ebenfalls Austernbänke. Noch in der zweiten Hälfte des 19. Jahrhunderts konnten hier jährlich bis zu einer halben Million Austern gestrichen werden. Bald machte sich jedoch auch hier der Raubbau bemerkbar. Möglicherweise ist eine geringfügige, für Menschen nicht wahrnehmbare Veränderung des Klimas für das Verschwinden der Austern mitverantwortlich.

Wie das nordfriesische Wattenmeer, waren Watt und See rund um die ostfriesischen Inseln von Austern besiedelt. Auch hier weisen Nachrichten aus der Mitte des 17. Jahrhunderts darauf hin, dass die Landesherrschaft die Austernbänke als Regal für sich beanspruchte und Strafen für Austerndiebe androhte. Noch im Laufe des 18. Jahrhunderts waren Austernbänke bei Borkum, Juist, Baltrum und Langeoog und in den Strömen bei Wangerooge bekannt. Im Winter 1740 erlitten die Muscheln jedoch derartige Frostschäden, dass die Befischung jahrzehntelang ausgesetzt werden musste. Und auch hier gab es – wie im nordfrie-

sischen Wattenmeer – einen „Austernkrieg“, als holländische Raubfischer die Bänke bei Borkum heimsuchten, sodass sogar das Militär eingreifen musste. Die Holländer pachteten dann diese Bänke und beuteten sie schnell aus.
Erst in den 1970er Jahren wurden wieder Austern aus dem Wattenmeer der deutschen Nordseeküste geerntet. Grundlage dafür waren die vom Bundesforschungsamt für Fischerei initiierten Zuchtanlagen mit Saataustern der nordpazifischen Art *Crassostrea gigas*. Die Setzlinge werden in Containern deponiert und in Prielen und Wattenströmen unter der Niedrigwasserlinie platziert. Hier wachsen sie in zwei bis drei Jahren bis zur Marktreife heran. Die Firma Dittmeyer, die in der Blidsel-Bucht bei Sylt Austernkulturen in großem Stil betreibt, hat auch an Land Salzwasserbassins errichtet, um ihre Austerncontainer in Eiswintern vor dem Erfrieren zu schützen.
Die enorme Vermehrung der *Crassostrea gigas* im Wattenmeer an der deutschen Nordseeküste wird jedoch den holländischen Zuchtanlagen zugeschrieben. Im ostfriesischen Watt hat die pazifische Auster mit hektargroßen Bänken die einheimische Miesmuschel verdrängt, sodass sie von Wattwanderern für „persönlichen Gebrauch“ gesammelt werden darf, um die weitere Vermehrung in Grenzen zu halten.
Während die Austernfischerei der Vergangenheit angehört und Austern nur noch aus Zuchtanlagen geerntet werden, spielt die Miesmuschelfischerei – früher ohne Bedeutung – gegenwärtig eine beachtliche Rolle. Auch diese Muschelart gehörte schon in der Steinzeit zur Nahrung der Küstenbevölkerung und wurde in Mengen in den „Kökenmöddingern“ an kultischen Stätten gefunden. Immer wieder wandern Insulaner und Inselgäste hinaus in das Watt, um sich eine Miesmuschelmahlzeit zu holen. Insbesondere in den Notjahren nach den Weltkriegen trug diese Muschel zur Volksernährung bei – galt aber nicht, wie die Austern, als Delikatesse. Das hat sich erst in jüngster Zeit geändert, und heute wird die Miesmuschel an der holländischen, deutschen und dänischen Nordseeküste konzentriert bewirtschaftet.
Erste bescheidene Anfänge der Miesmuschelfischerei datieren in die Zeit um 1880. Wegen der mangelhaften Konservierungs- und Transportmöglichkeiten war die Fischerei nur im Winter möglich, und so bildete sich die Spruchweisheit heraus, dass man Miesmuscheln nur in den Monaten mit „r“ (September bis April) essen darf, obwohl sie das ganze Jahr, mit Ausnahme der frühsommerlichen Laichzeit, essbar sind. Heute ist durch die modernen Kühlwagen und die schnelle Beförderung ein fast ganzjähriger Fang möglich. Gegenwärtig werden aus dem Wattenmeer jährlich bis zu 200 000 Tonnen Miesmuscheln geerntet, wobei etwa die eine Hälfte von Natur-, die andere von Kulturbänken stammt. Anders als die empfindliche Auster lässt sich die vermehrungskräftige Miesmuschel nämlich ohne Probleme auf Kulturbänken züchten. Zu diesem Zweck werden Jungmuscheln, die sich an ungünstigen Stellen angesiedelt haben, abgefischt und im Bereich der Kulturbänke wieder ausgesetzt.
Zentren der Miesmuschelfischerei im schleswig-holsteinischen Wattenmeer

sind gegenwärtig Wyk und Husum, in deren Häfen die speziell konstruierten Schiffe mit ihren Laderäumen und den Fanggerüsten liegen. In Emmelsbüll auf dem nordfriesischen Festland befindet sich eine Muschelentsandungs- und Verarbeitungsanlage, in der die Muscheln vom Sand und ihren Bärten, den Byssusfäden, gereinigt, gekocht und tiefgefroren in die Niederlande, nach Belgien und Frankreich, aber auch nach Übersee exportiert werden. Nur ein Teil der Ernte bleibt im eigenen Land, wo die Muschel eigenartigerweise als Delikatesse sehr viel weniger beliebt ist als andernorts.

Im Bereich des ostfriesischen Wattenmeeres sind Norddeich, Greetsiel und Hooksiel mit gegenwärtig fünf Schiffen Stationen der Miesmuschelfischerei. Geändert hat sich allerdings sowohl hier wie andernorts die Akzeptanz der modernen Fangmethoden. Die früher kleinen Kutter beeinträchtigten die Menge der Muscheln und die Bodenfauna nicht. Bald wurden die Kutter, gefördert von EG-Zuschüssen, jedoch immer größer und leistungsstärker. Heute klagen Naturschützer und Wattenführer, dass die Miesmuschel trotz ihrer großen Vermehrungskraft in weiten Bereichen des ostfriesischen Wattenmeeres ausgerottet ist. Damit ist zugleich die vielfältige im Bereich von Muschelbänken lebende Tierwelt verschwunden.

Aber auch im nordfriesischen Wattenmeer haben Naturschützer die Miesmuschelfischer auf dem „Kieker“. Durch das Abfischen von Muschelsaat und Naturbänken mit Stahlbügeln und Dredschen (Schleppnetze) wird großräumig die Fauna und Flora des Wattenmeeres zerstört – eine Groteske, wenn man bedenkt, dass das Wattenmeer als „Nationalpark“ die höchste Stufe des Naturschutzes genießt. Noch konnte sich die Landesregierung, in deren Händen die Lizenzerteilung liegt, nur zu geringen Einschränkungen dieses Raubbaus entschließen. Schiffer beklagen außerdem, dass die durch Miesmuschelbänke befestigten Kanten von Prielen und Wattenströmen nach dem Abfischen in Bewegung geraten und eine umfangreiche Erosion des Wattbodens die Folge ist.

Wie etliche andere Tierarten im Wattenmeer, so profitieren auch die Miesmuscheln und damit die Muschelfischer von der Überdüngung des Meeres und dem damit verbundenen Algenwachstum. Benötigten Miesmuscheln früher bis zu fünf Jahre, um bis zur Marktreife heranzuwachsen, so können sie jetzt schon nach drei Jahren geerntet werden. Als Filtertier lebt die Miesmuschel nicht nur von Planktonalgen, sie siebt auch andere Schwebstoffe aus dem Meer. Damit trägt sie wesentlich zur Sauberhaltung des Wattenmeeres bei. Glücklicherweise musste der Verzehr von Muscheln aus dem deutschen Watt trotz regelmäßiger Kontrollen bezüglich der Schadstoffbelastung noch nicht verboten werden.

Miesmuscheln bilden oft ausgedehnte Bänke im Watt, auf denen pro Quadratmeter einige Hundert Muscheln siedeln, untereinander verbunden durch glasfaserartige „Byssusfäden“. Unvorstellbar ist die Vermehrungskraft dieser Tiere, die zu den wenigen gehören, die eine intensive menschliche Nutzung vertragen.

Buhnen dienen vor allem dem Küstenschutz und der Umleitung küstennaher Priele. Bald aber erobert sich die Natur auch diesen „Lebensraum". Miesmuscheln setzen sich am Fuß der Buhnen fest, Seepocken siedeln sich an, und Strandschnecken finden einen sicheren Ruheplatz. Die Tiere leben nicht im Wechsel von Tag und Nacht – hier spiegelt sich der Vollmond in einer Wattenpfütze –, sondern im Hin und Her der Gezeiten.

Mit dem Krabbenfischer hinaus

Austernzucht und Miesmuschelfischerei sind an der Nordseeküste eher lokale Erscheinungen. Charakteristischer ist die Krabbenfischerei. Das Bild der Kutter, die frühmorgens ausfahren, am Spätnachmittag heimkehren, oder der Anblick der in den Wattenströmen fischenden, von Möwenschwärmen begleiteten Schiffe gehören zu den bleibenden Eindrücken, die der Besucher von Insel- und Küstenhäfen mit nach Hause nimmt.

Die Krabbenfischerei, so wie sie heute betrieben wird, hat noch keine lange Tradition. Wie Muscheln verderben auch Krabben sehr schnell, sodass Probleme der Konservierung und des schnellen Transports den Verkauf der Tiere zunächst auf den Küstenraum beschränkten. Infolgedessen wurden sie früher nur für den Eigenbedarf gefangen. Noch immer kann man alte, vergilbende Fotos bestaunen, die Halligfrauen mit Gliepen (Schiebekeschern) beim „Porrenfang" zeigen, wobei die Damen aus Schicklichkeitsgründen ihre Kleider anbehielten, obwohl sie bis zum Bauch im Wasser standen. Andernorts stellten Fischer „Fischergärten" auf, deren lange, in V-Form aufgestellte Zäune die bei Ebbe in die Nordsee zurückschwimmenden Krabben, aber auch Plattfische in Netzreusen oder Weidenkörbe leiteten. Gewerbliche Krabbenfischerei gibt es erst sei den 1880er Jahren, als von Büsum aus einige Segelkutter auf „Porrenfang" gingen. Um die Jahrhundertwende zählte Büsum dann bereits 55, später auch mit Motoren ausgerüstete Krabbenkutter. Bald begann auch von anderen Nordseehäfen aus die Krabbenfischerei, sodass um 1925 insgesamt knapp 300 Schiffe gezählt wurden. Gegenwärtig sind noch rund 200 inzwischen sehr leistungsstarke Kutter in Betrieb. Neben Büsum sind Wyk auf Föhr, Husum, Tönning und Friedrichskoog die bedeutendsten Häfen der Krabbenfischerei an der schleswig-holsteinischen Westküste; Cuxhaven, Dorum, Fedderwardersiel, Neuharlingersiel, Norddeich und Greetsiel sind die Krabbenhäfen der niedersächsischen Küste. Auch in kleinen Häfen auf Inseln und Halligen sind Krabbenkutter stationiert.

Krabbenfischer sind früh auf den Beinen. Morgens gegen drei Uhr wird es laut in den Häfen, Lichter gehen an, Taue knarren und wenig später erfüllt das Tuckern der Dieselmotoren die Luft. Kutter um Kutter legt ab und strebt über Hafenpriel und Wattenströme den Fanggründen – Flachzonen im Grenzbereich von Wattenmeer und Nordsee – zu. Dort werden die „Kurren", etwa acht Meter lange Eisenbäume mit Schleppnetz, beiderseits der Bordwände ausgefiert und zu Grunde gelassen. Ein bis zwei Stunden werden diese Kurren über den Grund gezogen. Dann heißt es „Maschine stopp", und eine Motorwinde holt das Fanggeschirr ein. Der „Steert", der Netzbeutel, wird an Deck geholt und geöffnet.

Krabbenfischer auf der Heimkehr vom Fang. Von etlichen Häfen an der deutschen Nordseeküste laufen unverändert Krabbenkutter aus, um die kleinen, schmackhaften Krebstiere zu fangen. Krabben werden sie allgemein genannt, richtig heißen sie Garnelen. Aber die Ostfriesen und die Friesen im Wangerland und auf Butjadingen sagen „Granat". In Büsum heißen sie „Kraut" und auf den nordfriesischen Inseln und Halligen „Porren". Die Krabbenfischerei bleibt auch im Weltnaturerbe Wattenmeer weiterhin zulässig, weil der Bestand dieser Krebstiere dank deren Vermehrungskraft durch Fischerei nicht geschädigt wird.

Es kribbelt, krabbelt und zappelt von tausenderlei Seegetier, von Strand- und Schwimmkrabben, Plattfischen, Seeskorpionen, Steinpickern, Aalmuttern und vor allem von Wittlingen, einer Dorschart, die der Krabbenfischer nicht gerne sieht, weil sie ihm die Krabben vor Netz und Nase wegfressen. Speisekrabben machen durchschnittlich nur etwa ein Zehntel der Fangmenge aus, und so gesehen bedeutet die Krabbenfischerei einen nicht unbedenklichen Eingriff in die Wattenmeerfauna.

Nur die große Vermehrungskraft all der Tiere kann diese täglichen Verluste ausgleichen. Die Speisekrabben werden heraussortiert und an Ort und Stelle gekocht, wobei sie ihre rötliche Farbe bekommen. Das sonstige Seegetier aber, längst gestorben, wird über Bord geschaufelt – und das ist die Stunde der Möwen, die plötzlich von allen Seiten heranfliegen und gleich einer weißen, wirbelnden, kreischenden Wolke über den Beifang herfallen, während die Kurren des Kutters schon wieder zu Grunde gelassen und dem nächsten „Hol" entgegengezogen werden.

Zehn bis zwölf Stunden sind die Kutter unterwegs. Dann heißt es „Kurs Heimathafen", wo bereits die Käufer und Weiterverarbeiter des Tagesfangs warten. Vielerorts werden Krabben auch direkt vom Kutter an Kurgäste und Küstenbewohner verkauft – und Erstere dürfen sich nun in der Kunst des Krabbenpulens üben, ein Vorgang, der einige Fingerfertigkeit erfordert.

Blättern Besucher der Nordseeküste in einem naturkundlichen Bestimmungsbuch, dann suchen sie das Stichwort „Krabben" meist vergebens. Krabben heißen nämlich richtig Garnelen.

Während die Ostfriesen sie „Granat“, die Nordfriesen „Porren“ nennen, sagt man in Büsum und Dithmarschen „Kraut“ zu diesen Langschwanzkrebsen.
Krabbenfischerei ist ein nicht ungefährliches Gewerbe: Gerade im Wattenmeer der deutschen Nordseeküste liegen etliche Wrackreste von Schiffen, die hier in älterer Zeit gesunken, aber nicht auf Seekarten oder durch Seezeichen markiert sind, weil niemand ihren genauen Standort kennt. Auch Findlinge aus eiszeitlicher Schuttablagerung sind hier und da vorhanden. Verhakt sich eine Krabbenkurre mit einem solchen Gegenstand, dann wird der weiterfahrende Kutter durch Hebelkraft über die Trosse zum Mast in wenigen Sekunden unter Wasser gezogen – so schnell, dass sich die Besatzung selten retten kann. Solche Unfälle hat es in den letzten Jahrzehnten mehrere Male gegeben.
Im Winter liegen die Kutter in ihren Häfen, und die Krabbenfischer zehren von der Stillliegeprämie, die ihnen der Staat zahlt. In jüngerer Zeit haben sich jedoch etliche Krabbenfischer moderne, bis zu 25 Meter lange Kutter, sogenannte Eurokutter zugelegt, die im Sommer Krabben fischen, aber so ausgerüstet sind, dass sie auch im Winter hinaus auf See gehen können, um Plattfische und Dorsche zu fangen.
Verglichen mit früheren Jahren ist die Anzahl der Krabbenkutter stark zurückgegangen. Dafür fangen die neueren Kutter sehr viel mehr Krabben, und es ist nicht leicht, wie auch bei der Hochseefischerei, die Balance zwischen Raubbau und sinnvoller Nutzung der Natur zu halten.
Für den Besucher der Nordseeküste gehören Fischer und Fischkutter zum typischen Bild, das er sich von seinem Urlaubsort gemacht hat. Tatsächlich aber wurde in der Vergangenheit berufsmäßige Fischerei immer nur lokal und sporadisch betrieben, weil im unmittelbaren Küstenbereich der Absatz schwierig war und sich dafür lediglich die Märkte einiger weniger Städte anboten.
Aus historischer Zeit ist dies beispielsweise für die Heringsfischerei bekannt, die vor allem in den Gewässern um Helgoland betrieben wurde. Anno 1425 tauchten hier plötzlich riesige Heringsschwärme auf, und von den nord- und den Ostfriesischen Inseln aus segelten Flotten von Fischkuttern nach Helgoland, um diesen Segen zu nutzen. Ein Abgabenregister über „Riemengelder“ weist aus, dass um das Jahr 1500 allein von der Insel Sylt 40 Kutter mit 280 Mann am Heringsfang beteiligt waren. Aber um 1625 blieben die Heringe ebenso plötzlich, wie sie gekommen waren, wieder aus, und nun trat der Fang von Schellfischen, Dorschen und Plattfischen erneut in den Vordergrund. Noch um das Jahr 1870 werden für Norderney 50 bis 60 Schaluppen genannt, die auf Fischfang gingen oder den Transport der Fänge zum Festland besorgten. Um diese Zeit meldete auch Sylt noch sieben Fischerboote, die rund 30 000 Schellfische fingen. Im Jahr 1883 wurde die Fischerei eingestellt, weil der Fremdenverkehr leichtere und ungefährlichere Verdienstmöglichkeiten bot.
Von Bedeutung war jahrhundertelang auch der Rochenfang. Rochen wurden in Stellnetzen gefangen. Weil dieser Fang zeitweise sehr einträglich war, erklärte die Landesherrschaft den Rochenfang zum Regal. Nun mussten für die Erlaubnis zum Setzen von Rochennetzen eine Steuer bezahlt und jährlich 300 Rochen als Deputat an die Landesherrschaft geliefert werden. Seit Anfang des 19. Jahrhunderts zogen sich die Rochen jedoch aus dem

Ein Krabbenkutter hat an der Hafenpier festgemacht und setzt seinen Tagesfang an Land. Weil Krabben, oder richtig Garnelen, schnell verderben, erfolgt eine umgehende Konservierung und Weiterverarbeitung in den dafür eingerichteten Betrieben an Land. Das Einlaufen der Krabbenkutter ist auch für Küstenbesucher eine interessante Abwechslung, denn nun kann man frische Krabben kaufen und sich an das Auspulen machen.

Wattenmeer und den Küstengewässern zurück. Dennoch haben die Sylter noch bis 1864 die „Rochensteuer“ bezahlt, obwohl seit Jahrzehnten keine Rochen mehr gefangen wurden.
Intensiver und bis heute andauernd wurde von Küstenbewohnern und Insulanern der Fischfang für den Eigenbedarf betrieben. Beispielsweise legte man bei Niedrigwasser Grundleinen ins Watt, deren Angelhaken mit Wattwürmern beködert wurden. Mit der nächsten Flut kamen Fische, vor allem Schollen, Butt und Flundern, aber auch Aalmuttern und Aale, bissen an und wurden bei der nachfolgenden Ebbe eingeholt. Ebenso war auch das Schollenstechen mit einem siebenzackigen Stecheisen verbreitet, wobei die im Sand der Priele ruhenden Plattfische vom langsam watenden, ständig vor sich hinstochernden Fischer aufgespießt wurden. Beide Methoden sind heute verboten.
Geblieben ist aber der Fischfang mit Stellnetzen und Reusen. Im Sommerhalbjahr werden vor allem Hornfische, die von Mai an in Scharen im Wattenmeer erscheinen, um hier zu laichen, gefangen. Auch der Fang von Meeräschen kann zeitweilig sehr erfolgreich sein, und ebenso findet man Plattfische und Aale in den Reusen, wenn sie mit der ablaufenden Ebbe in die Nordsee zurückschwimmen wollen und in das Fangsystem der Netzwände und Reusen geraten.
Das Angeln mit Ködern spielt eine Rolle für Sportangler, die vom Ufer aus Plattfischen und Aalen nachstellen oder mit Booten hinausfahren, um Makrelen zu erbeuten, die im Sommer in Massen die Küstengewässer bevölkern.

In den Häfen längs der Nordseeküste halten die Krabbenkutter ihren Winterschlaf, und auch andere Schiffe sind winterfest vertäut oder aufgelegt. Nur die Miesmuschelfischer haben jetzt „Saison“ und sind täglich mit ihren Kuttern im Wattenmeer unterwegs, um die blauschwarzen Muscheln von ihren Bänken zu streichen.

Seehunde und andere Robben

Das „Schlagzeilentier" der Medien ist der Seehund, wenn es um Natur- und Nordseeschutz geht. Er ist, am Ende einer Nahrungskette stehend, der vorrangige Indikator für den Zustand der Nordsee. Schlagzeilen machte der Seehund besonders im Sommer 1988, als von den rund 15 000 Seehunden an der Nordseeküste etwa 8600 ihr Leben verloren und dieses Sterben vor allem der Wasserverschmutzung zugeschrieben wurde. Die Seuche hatte jedoch natürliche Verursacher – Robbenstaupeviren, die über dänische Nerzfarmen in das Kattegat oder durch zuwandernde Robben aus dem Nordatlantik in unsere Gewässer gelangten.
Die überlebenden Seehunde wurden gegen diese Viren immun und gaben ihre Immunität über die Muttermilch an den Nachwuchs weiter, sodass zunächst kaum mit weiteren hohen Todesraten bei einem neuerlichen Seuchenausbruch zu rechnen war. Der Seehundbestand hatte sich in wenigen Jahren schon so weit erholt, dass bereits im Jahr 1994 die vorherige Anzahl erreicht war. Bei einer hohen Populationsdichte der Tiere kann allerdings die Seuchengefahr wieder steigen. Das war im Jahr 2002 der Fall, als rund 10 000 Seehunde in der Nordsee starben. Der Seehund war aber nie ernsthaft in Gefahr, aus dem Wattenmeer zu verschwinden. Im Jahr 2008 lebten wieder 20 250 der Tiere in der Nordsee, der Seehund steht allerdings noch auf der Roten Liste gefährdeter Tiere Deutschlands.
Die hohe Schadstoffbelastung bleibt ein Problem für die Tiere, da sie verbunden ist mit Immunschwächereaktionen und der daraus resultierenden Krankheitsanfälligkeit. Der Nordseeschutz muss also weiterhin energisch verstärkt werden, auch nachdem der Seehund wieder aus den Schlagzeilen der Medien verschwunden ist.
Seehunde haben im Leben der Küstenbewohner und Insulaner jahrtausendelang eine große Rolle bei der Jagd gespielt. Das Fell wurde für Bekleidungszwecke genutzt und die Speckschicht zu Tran ausgekocht, der als Brennstoff für Beleuchtungskörper diente. Ebenso wurden Teile des Fleisches, vor allem die Leber, als Nahrung verwertet. Diese natürliche Jagdnutzung hat den Bestand der Tiere aber nie gefährdet. Bedenklich wurde es erst, als in der zweiten Hälfte des 19. Jahrhunderts überall Seebäder entstanden und es zum Freizeitvergnügen der Kurgäste gehörte, auf Seehundjagd zu gehen – ohne Rücksicht auf die sommerliche Säugezeit! Galt doch der „Fischfresser" Seehund als „Schädling".
Die Seehundjagd war simpel. Schießlustige Kurgäste legten sich mit ihren Jagdführern, ortsansässigen Schiffern, auf eine Sandbank und warteten. Seehunde haben nur im Wasser ein scharfes Augenbild. Über Wasser sind sie kurzsichtig, halten den auf dem Bauch liegenden Menschen für ihresgleichen und kommen ahnungslos an Land.

So war der Seehund durch hemmungslose Schießwut Anfang der 1930er Jahre fast ausgerottet und wurde erst durch das Reichsjagd- und Naturschutzgesetz von 1934/35 gerettet. Zunächst wurde während der Aufzuchtphase eine Schonzeit verordnet. Seit 1971 ruht die Seehundjagd in Niedersachsen ganz, in Schleswig-Holstein seit 1973.
Lebensraum dieser Tiere sind die Sände seewärts der Inseln, Halligen und im Wattenmeer, die bei Ebbe trockenfallen und abfallende Kanten zu Prielen und Wattenströmen haben, über die die Tiere bei Gefahr sofort das Wasser erreichen und tief tauchen können. Hier werden im Juni und Juli die Jungen geboren, die – verglichen mit den Jungen anderer Robbenarten – relativ groß und weit entwickelt sind und sofort gut schwimmen können. Diese Eigenschaften sind notwendig, weil schon wenige Stunden nach der Geburt die Sandbank wieder überflutet wird und das Jungtier sich etliche Stunden, bis zur nächsten Ebbe, im Wasser aufhalten muss.
Immer wieder werden nur wenige Tage alte Jungtiere an belebten Badestränden gefunden und lösen unter den Sommergästen entsprechende Aufregung aus. Früher – und leider auch heute noch –

„Heuler" werden die jungen Seehunde genannt, die im Juni manchmal an Inselstränden gefunden werden. Sie sind aber keineswegs von der Mutter verlassen, sondern suchen nur einen Ruheplatz. Deshalb: Hände weg von Heulern! Schon nach knapp vierwöchiger Säugezeit werden die jungen Seehunde selbstständig.

Mitten im Winter kommen die Jungen der Kegelrobbe an der deutschen Nordseeküste zur Welt. Wie andere Robbenkinder tragen sie bei der Geburt ein weißes Embryonalfell. Einige Wochen liegen sie auf den Sandbänken, nach Sturmfluten auch auf Inselstränden, und werden von der Mutter gesäugt. Ihren Namen trägt die Kegelrobbe aufgrund ihres langen, kegelförmigen Kopfes. Im englischen Sprachraum wird sie „horsehead" genannt.

wurden und werden diese „Heuler" zu Aufzuchtstationen an der Nordseeküste geschickt, dort großgezogen und im Herbst wieder in die Nordsee zurückgesetzt. Inzwischen aber wächst die Erkenntnis, dass solche jungen Seehunde durchaus nicht von der Mutter verloren wurden, sondern Sand und Strand nur zum Ruhen aufsuchen. Das „Heulen" des Jungtieres dient vor allem der Orientierung der Mutter, die den Ton über unglaubliche Entfernungen, auch gegen den Wind, hört und ihren Nachwuchs wiederfindet. Deshalb heißt es heute: „Hände weg von jungen Seehunden." Die Säugezeit ist mit etwa drei Wochen ohnehin sehr kurz. Im Anschluss daran erfolgt bereits die erneute Brunft und Verpaarung.

Der Seehund ist nicht die einzige Robbenart an der Nordseeküste. Ende der 1950er Jahre wurden auf den hohen Seesänden westlich von Amrum und südlich von Sylt die ersten Kegelrobben registriert, die vermutlich von britischen Küsten zugewandert waren. Die männlichen Tiere, die Bullen, werden fast drei Meter, die weiblichen etwas über zwei Meter lang. Inzwischen ist das Rudel auf etwa 25 Robben angewachsen, wozu im Sommerhalbjahr ein weiteres Rudel mit bis zu 45 Tieren kommt. Auch auf der Düne von Helgoland sowie auf Sandbänken vor Norderney und anderen ostfriesischen Inseln und Sänden (Kachelotplate) wurden in den letzten Jahren Kegelrobben registriert.

Kegelrobben werden nicht im Frühsommer, sondern im Herbst und Winter geboren, wobei sich die Geburtszeit von Westen (Großbritannien) bis in die Ostsee zeitlich verschiebt. An der deutschen Nordseeküste kommen die Jungen zwischen Ende November und Mitte Januar zur Welt. Wie andere Robbenkinder tragen sie bei der Geburt noch ein weißes

Die Kegelrobbe, seit Urzeiten an der Nordseeküste heimisch, später verschwunden, ist Mitte des 20. Jahrhunderts wieder zurückgekehrt. Zunächst wurde ein kleines Rudel auf einem Seesand bei Amrum, in den letzten Jahren wurden auch Tiere auf der Düne von Helgoland und auf Sandplaten im ostfriesischen Wattenmeer entdeckt. Kegelrobben sind große Robben: Die männlichen Tiere werden bis zu drei Meter lang.

Embryonalfell und scheuen das Wasser, obwohl auch sie gut und ausdauernd schwimmen können. Fast drei Wochen liegen sie auf den hohen Seesänden, nach Sturmfluten auch an Inselstränden, und werden von der Mutter gesäugt, wobei sie täglich um anderthalb Kilo an Gewicht gewinnen. Nach de dreiwöchigen Säugezeit aber verlässt die Mutter ihr Junges, um den nächsten Nachwuchs vorzubereiten. Das Jungtier absolviert derweil eine Fastenzeit und verliert dabei das Embryonalfell. Erst vier oder fünf Wochen alt, verschwindet die selbstständig gewordene Kegelrobbe nun in die Weite der Nordsee und kehrt angeblich erst nach Jahren wieder in die Geburtsheimat zurück.

Seehunde und Kegelrobben sind die ständigen Vertreter der weltweit verbreiteten Robbenfamilie in der Nordsee und im Wattenmeer. Immer wieder wandern auch Robbenarten aus dem Nordatlantik und aus dem Eismeer ein, so die kleine Ringelrobbe, die im Laufe des vorigen Jahrhunderts schon etliche Male, zuletzt noch 1993, bestätigt wurde. 1960 konnte der Sylter Seehundjäger Dethlefs am Strand von List-Ellenbogen sogar ein Walross erlegen – was heute wohl nicht mehr gestattet wäre. Mengen von Sattelrobben aus den überfischten Gewässern des Nordatlantiks erschienen im Jahr 1988 in der Nordsee, offenbar aus Nahrungsnot. Möglicherweise waren sie die Überträger der Seehundseuche im Sommer desselben Jahres. Im Juli 1993 ging sogar eine junge Klappmütze (blaue bis dunkelgraue, meist dunkel gefleckte Robbenart) bei Amrum an Land.

Das Watt und die Nordsee sind die Heimat der Seehunde. In den Prielen und in der offenen See stellen sie den Fischen und Krebstieren nach und liegen dann stundenlang bei Ebbe auf den Sandbänken zum Schlafen und Sonnen. Trotz wiederkehrender Virenseuchen, so 1988 und 2002 mit Tausenden von toten Seehunden, kommen sie überaus häufig vor. Im Juni werden die Jungen geboren, die – im Gegensatz zur jungen Kegelrobbe – sofort „wasserfest" sind.

Landschaft der Seevögel

Das Wattenmeer ist die Welt der Seevögel. Keine andere Landschaft der Erde weist größere Vogelmengen auf – seien es Brut- oder Zugvögel. Grundlage dafür ist das Nahrungsangebot: bei Ebbe an Flohkrebsen, Würmern, Schnecken und Muscheln, bei Flut an Fischen und sonstigem Seegetier. Zu jeder Zeit sind Luft und Landschaft von irgendwelchen Vögeln belebt, und der Beobachter spürt bald, dass es vor allem sie sind, die neben dem Hin und Her von Ebbe und Flut dieser sonst eintönigen Weite Leben und Laute vermitteln. Denn etliche Seevögel, insbesondere die Austernfischer, sind zu jeder Jahreszeit ungemein ruffreudig, ebenso die Großen Brachvögel und andere Limikolen, Watvögel, deren melodische Stimmen den Tag und die Nacht erfüllen. Es ist ein Phänomen, dass in einer Zeit, in der aus vielen Landschaften die heimische Fauna durch menschliche Einflüsse zurückgedrängt wird oder gar völlig verschwindet, die Anzahl der Brut- und auch mehrerer Zugvogelarten an der Nordseeküste in den letzten Jahrzehnten stark zugenommen hat und keine Art – mit Ausnahme der zierlichen Zwergseeschwalbe – in ihrem Bestand gefährdet ist. Manche Arten, darunter alle Möwen, aber gebietsweise auch Austernfischer und Eiderenten, haben sich vervielfacht, sodass sich bereits Probleme mit Überpopulation ergeben. Weitere Arten sind erst in jüngerer Zeit an die Nordseeküste eingewandert, so die Fluss-Seeschwalbe, der Säbelschnäbler, die Lachmöwe, die Heringsmöwe, der Mittelsäger und einige andere, während die Eiderente sich über ihr traditionelles Brutgebiet, das nordfriesische Wattenmeer, hinaus weiter südwärts verbreitet hat.

Dieses Phänomen verdankt seine Ursache vor allem menschlicher Einwirkung, darunter auch solcher, die der Gesamtnatur keineswegs dienlich ist. Es handelt sich hierbei um Landgewinnungsmaßnahmen und Bedeichungen, um den Fremdenverkehr und – so absurd es klingen mag – um gewisse Formen der Schadstoffimmission, die den Vogelreichtum begünstigen.

Durch die Landgewinnung, die in Form von Buhnenbauten entlang der gesamten deutschen, aber auch niederländischen und dänischen Nordseeküste sowie an der Leeseite von Inseln und Halligen betrieben wird, bilden sich durch Sedimentation aus der beruhigten Flut ständig Schlickwatten mit einer hohen Bioproduktion sowie Salzwiesen mit spezieller Fauna und Flora. Ohne diese seit Jahrhunderten betriebenen Maßnahmen wären die für das Tierleben so wichtigen Schlickwatten und Salzwiesen bis hin zu den asphaltierten Deichfüßen weggeräumt und in Sandwatten verwandelt. Sobald sich innerhalb der Lahnungsfelder Neuland gebildet hat und dieses dann eingedeicht wird, geht der eben genannte

Eben wie ein Tisch liegt das Hooger Halligland, nur von Prielen durchzogen, in denen Ebbe und Flut wirksam sind. Die fernen Warften scheinen wie verloren, wie Wohnhäuser am Ende der Welt. Und über allem spannt sich ein unglaublich hoher Himmel, in dem Wolken und Wetter ihr freies Spiel entfalten, aber auch die Seevögel freien Flugraum haben und allenthalben ins Auge fallen.

Möwen sind an der Küste allgegenwärtig, in den Häfen, als Schiffsbegleiter, auf Strandpromenaden – wo sie darauf lauern, von Kurgästen gefüttert zu werden –, im Wattenmeer, wo sie Aas und Kleingetier sammeln, und in den Insellandschaften, wo sie im Sommer kolonienartig brüten. Als elegante Segelflieger haben diese Vögel – wie hier die Silbermöwe – auch die „Lufthoheit“ über Inseln und Meer inne.

Lebensraum zunächst verloren. Die spezielle Tier- und Pflanzenwelt, von Ebbe und Flut nicht mehr berührt, weicht anderen Lebensformen, die dem Süßwasser angepasst sind. Vor den Deichen wird jedoch wiederum ein Buhnensystem, ein Lahnungsfeld, angelegt, und dann wachsen abermals Schlickwatten und Salzwiesen, sodass dieses Ökosystem regelmäßig erneuert wird. Der neue Koog, Polder oder Binnengroden aber bietet zahlreichen Seevögeln sturmflutsichere Brutplätze, insbesondere wenn dort – wie in der Regel – Speicherseen und lagunenartige Landschaften vorhanden sind, die unter Naturschutz gestellt werden. Vor allem der Säbelschnäbler und die Lachmöwe, aber auch andere Arten verdanken ihre Vermehrung solchen Eindeichungsmaßnahmen. Auch der Kormoran breitet sich zunehmend als Bodenbrüter aus, ebenso der Löffler!

Auf dem ungeschützten Vorland vor dem Deich hingegen werden die Bruten oft durch Spring- oder Sturmfluten zerstört, sodass die Nachwuchsrate gering bleibt und Jahre hintereinander nahe null tendiert.

Der Fremdenverkehr, der durch Bebauung, durch Badebetrieb und andere Nutzung der Natur große Landschaftsflächen an der Küste und auf den Inseln entzogen hat, ist andererseits auch die Grundlage für die Akzeptanz des Naturschutzes in der Küstenbevölkerung. Noch in den ersten Jahrzehnten des 20. Jahrhunderts, vor allem in Zeiten der Nahrungsnot nach den beiden Weltkriegen, spielte die Nutzung der Natur eine große Rolle. Die Gelege fast aller Seevögel, von der Seeschwalbe, dem Austernfischer bis zu denen der Silbermöwe, wurden gesammelt und für Ernährungszwecke verwertet. Ebenso spielte die Jagd, darunter auch der Massenfang von Wildenten in den „Vogelkojen“ (Entenfanganlagen) eine große Rolle. Dabei blieb die Ver-

mehrungsrate fast aller Seevogelarten naturgemäß gering.
Durch den Fremdenverkehr aber wurde der Küstenbevölkerung die besondere Attraktion der sie umgebenden Natur vor Augen geführt, und aus der Erkenntnis ihres unbezahlbaren Wertes erwuchs die Bereitschaft, große Teile der Insellandschaften und einige Küstengebiete dem Fremdenverkehr ganz zu entziehen und als Naturschutzgebiete auszuweisen. Heute hat jede der Ost- und der nordfriesischen Inseln ihr Naturschutzgebiet, und unbewohnte Halligen sowie Sandinseln sind ganz der Vogelwelt überlassen. Uthörn bei Sylt, die Halligen Habel, Südfall, Süderoog und Norderoog, die wandernde Insel Trischen vor Dithmarschen, der Knechtsand und Scharhörn vor der Elbmündung, Minsener Oldeoog und Mellum an der Außenjade sowie Memmert und Lütje Hörn nahe Juist und Borkum sind die bekanntesten dieser einsamen Eilande, die ganz den Seevögeln vorbehalten sind. Sie werden bewacht von den Vogelwärtern, die robinsongleich während der sommerlichen Brutzeit in Hütten hausen.
Die erstaunlichste Ursache für die Vermehrung etlicher Seevogelarten ist die Überdüngung der Nordsee durch den Eintrag von Nitraten und Phosphaten über Flüsse und Klärwerke nebst Immissionen aus der Luft, die ein vermehrtes Algenwachstum begünstigen. Auf Kleinalgen bauen sich fast alle Nahrungsketten im Meer auf. Je größer also die Algenmenge, desto häufiger gibt es Flohkrebse und Planktontiere, von denen wiederum die Anzahl der Fische und anderer Meerestiere abhängt. Beispielsweise wächst die Miesmuschel als reines Planktonfiltertier dank der Nahrungsmenge gegenwärtig fast doppelt so schnell wie in früheren Zeiten. Am Ende dieser so bereicherten Nahrungskette stehen die Seevögel, aber auch die Seehunde und Kegelrobben, die ebenfalls sehr viel häufiger vorkommen als noch vor etwa 50 Jahren. Vor allem die Heringsmöwe, die von der gestiegenen Menge der Fische profitiert, die sie sich selbst fängt oder als Beifang von Fischkuttern holt, hat sich stark vermehrt.
Der Küstenbesucher lernt die Seevögel schon am Hafen kennen, wo ständig Möwen, auf Dalben sitzend, aufmerksam auf Abfälle lauern. Scharenweise folgen sie den ausfahrenden Fisch- und Krabbenkuttern sowie den Bäderschiffen, die Kurgäste zu den Inseln und Halligen bringen. Insbesondere sind es die kleinen Lach- und die großen Silbermöwen, vereinzelt auch Sturmmöwen, die als aufgeregte, lärmende Wolke über dem Kielwasser wirbeln, um das von der Schiffsschraube an die Oberfläche gespülte Seegetier zu erbeuten. Sie warten aber auch darauf, von Passagieren gefüttert zu werden, schnappen hingeworfene Brotbrocken geschickt aus der Luft oder picken diese, an der Reling vorbeistreichend, sogar aus der Menschenhand.
Seeschwalben sind – wie erwähnt – Koloniebrüter. Dies gilt besonders für die Brandseeschwalbe, eine weltweit seltene Art, die auf der kleinen Hallig Norderoog im nordfriesischen Wattenmeer mit bis zu 3000 Paaren vertreten ist. Dicht an dicht, nur etwa 25 Zentimeter voneinander entfernt, liegen die Gelege, und unaufhörlich ist das Zankgeschrei dieser Vögel, die ihren kleinen Platz gegen zu nahe kommende Artgenossen verteidigen. Es grenzt an ein Wunder, dass jedes

Balzende Fluss-Seeschwalben. Das Männchen hat einen Fisch gefangen und hält diesen dem Weibchen als „Hochzeitsgabe“ hin. Mit der Übernahme dieser Beute ist dann die Verpaarung perfekt. Fluss-Seeschwalben kamen früher vor allem im Binnenland an Flüssen und Teichen vor. Erst nach 1900 begannen sie die Nordseeküste und die dortige Inselwelt zu besiedeln, wo sie heute häufiger sind als die hier ursprünglich heimische Art, die Küstenseeschwalbe.

Paar in der Masse gleichartiger Gelege das eigene und später auch die herumlaufenden Jungen erkennt.

Seltenste Seeschwalbe der heimischen Arten ist die zierliche Zwergseeschwalbe. Sie ist auch am meisten bedroht – nicht nur weil ihre Brutplätze, sandige Strände, oft mit Strandkörben und Badestellen besetzt sind, sondern auch durch Sandflug, Sturmfluten oder kalte Witterung. Zwergseeschwalben können ihre Brut auch nicht gegen Möwen verteidigen, und nur die Tatsache, dass sie ein relativ hohes Lebensalter erreichen können, gewährleistet einen gewissen Ausgleich, um die Art zu erhalten.

Alle Seeschwalben sind Fischfresser, die stoßtauchend ihre Nahrung erbeuten. Nur die Lachseeschwalbe ist eine Ausnahme: Sie streicht über Felder und Marschenwiesen, erbeutet Insekten, sogar Mäuse und auch Jungvögel.

Ist die Silbermöwe der Charaktervogel der Nordsee, so gilt dieser Titel hinsichtlich des Wattenmeeres für den Austernfischer. Zu jeder Jahreszeit bevölkern Scharen dieser Vögel das Watt und die Küstenlandschaft. Zugleich sind Austernfischer sehr ruffreudig und lärmen Tag und Nacht, auch außerhalb der Balz- und Brutzeit. Eigentlich trägt dieser auffällige Strandvogel einen falschen Namen. Er kann keine Austern fischen, denn dazu müsste er schwimmen und tauchen können. Schwimmen kann der Austernfischer jedoch nur über kleine Strecken und für kurze Zeit, und vom Tauchen kann bei ihm gar keine Rede sein. Er lebt vielmehr von Würmern und sonstigem Bodengetier, das er mit seinem derben Schnabel aus Sand, Schlick und Marschenwiesen hervorstochert. Er kann aber auch Miesmuscheln und Strandkrabben erbeuten und führt und füttert seine Jungen bis in den Herbst hinein.

Der Austernfischer gehört zur großen Vogelfamilie der Limikolen. Einer seiner Verwandten ist der Sandregenpfeifer, der nahezu unsichtbar in seiner Brutlandschaft zwischen Steingeröllen und

Der Austernfischer ist nicht nur der „Allerweltsvogel“ im Wattenmeer der Nordseeküste – er kommt an fast allen Küsten unserer Erde in mehreren Unterarten vor und ist über die Flüsse auch schon weit im Binnenland auf Wiesen und Feuchtgebieten zu finden, weil an der Küste ein Überbestand herrscht und alle geeigneten Brutreviere besetzt sind. Austernfischer werden über 30 Jahre alt, bleiben in einmal geschlossener Verpaarung meist lebenslang zusammen und halten zäh am einmal erwählten Brutplatz fest. Drei hühnereigroße Eier enthält das Gelege in einer einfachen Nestmulde. Männchen und Weibchen lösen sich beim Brüten ab und betreuen auch gemeinsam die Jungen.

Muschelschalen verschwindet. Nur wenn er sich ruckartig in Bewegung setzt und mit wehmütigem „Büüip“ ein Stückchen weitereilt, fällt er dem suchenden Auge auf. Ebenso unsichtbar ist sein Gelege. Obwohl offen am Boden liegend, verschmilzt es optisch mit seiner Umgebung. Gleiches gilt für den ähnlichen Seeregenpfeifer, der an der Nordseeküste seine nördlichste Verbreitung erreicht und in den letzten Jahren selten geworden ist, vielleicht, weil auch sein Lebensraum zunehmend vom Badebetrieb gestört wird.

Bedenklich ist auch das allmähliche Verschwinden des Rotschenkels – einst Charaktervogel der Marschen und Salzwiesen, deren Himmel er mit seinem melodischen Balzgeläute erfüllte. Zwar ist das Gelege gut in hohen Gräsern verborgen, aber die Jungen werden eine leichte Beute der Möwen und Krähen, weil sie als Nestflüchter ungeschützt umherlaufen.

Im Gegensatz dazu ist der Säbelschnäbler als Mitglied der Limikolenfamilie in den letzten Jahrzehnten häufiger geworden – begünstigt durch Landgewinnung und Eindeichungen. Der Säbelschnäbler, kurz auch Säbler genannt, unterscheidet sich von seinen Verwandten durch den Umstand, dass er zwischen den Zehen Schwimmhäute hat und gerne und ausdauernd schwimmt. Er zeigt auch ein anderes Nahrungsverhalten. Mit seinem aufwärts gebogenen Schnabel fächert er im Flachwasser hin und her, um kleine Krebstiere zu erbeuten. Bei Störungen im Brutrevier stellt er sich flügellahm, um vom Gelege oder von seinen still hingeduckten Jungen abzulenken.

Das Wattenmeer ist außerdem das ganze Jahr hindurch belebt von Gänsen und Enten, vor allem während der Zugzeiten im Frühjahr und im Herbst. Als Brutvögel werden jedoch – neben der allgegenwärtigen Stockente – nur Brandgans und Eiderente registriert.

Brandgänse gehören durch ihr kontrastreiches, farbenfrohes Gefieder und ihre

Zwergseeschwalben sind die zierlichsten aller heimischen Seeschwalbenarten und deshalb am meisten gefährdet. Sie brüten ganz nahe am Meer, und nicht selten werden ihre Bruten durch Sturmfluten vernichtet. Das Gelege ist im Gewirr der Muschelschalen kaum zu erkennen. Männchen und Weibchen brüten abwechselnd, der Brutwechsel erfolgt durch das Überreichen eines Fisches.

Mit ihrem farbenfrohen Gefieder sind Brandgänse die „Schmuckstücke“ im grauen Wattenschlick, wo sie nach Kleingetier schnappen. Brandgänse werden auch Brandenten genannt, aber das fast gleichartige Gefieder bei Ganter und Gans, das Eheleben und die gemeinsame Betreuung der Jungen sprechen mehr für eine Gans als für eine Ente. Da es auf den meisten Düneninseln der Nordsee von Wildkaninchen wimmelt, haben Brandgänse keine Mühe, geeignete Bruthöhlen zu finden.

ständigen Streitigkeiten untereinander zu den auffälligsten Vögeln im Wattenmeer. Um ihre Brut nicht durch das auffällige Gefieder zu verraten, brütet die Brandgans in Höhlen, vor allem in den Kaninchenhöhlen der Dünen auf den Nord- und den Ostfriesischen Inseln. Sie nutzt aber auch andere Verstecke, zum Beispiel dichtes Sanddorngebüsch oder Höhlungen unter Gebäuden. Die Jungen werden als Nestflüchter zum Wattenmeer geführt und wachsen hier, von Gans und Ganter betreut, auf. Doch fallen etliche der acht bis zwölf Jungen jeder Brut, obwohl sie gut tauchen können, den Silbermöwen zum Opfer.

Die Eiderente, sehr häufig im Bereich des Nordatlantiks und des Eismeeres anzutreffen, hatte Anfang des 19. Jahrhunderts nur Sylt besiedelt und breitete sich erst in den 1880er Jahren bis Amrum aus. Hier ist sie gegenwärtig mit etwa 200 Brutpaaren „Wappenvogel“ der Insel, während sie von Sylt nahezu verschwunden ist, nachdem über den Hindenburgdamm Füchse auf die Insel gelangt waren. Diese haben übrigens auch Silbermöwen und andere Seevögel vertrieben, sodass Sylt heute – verglichen mit anderen – eine relativ seevogelarme Insel ist. Seit einiger Zeit breitet sich die Eiderente aber weiter nach Süden aus und ist inzwischen mit etlichen Brutpaaren auch auf einigen Halligen und fast allen der Ostfriesischen Inseln zu finden. Eiderenten sind vorwiegend Muschelfresser. Mies- und Herzmuscheln werden mitsamt der Schale verschlungen, und ihr kräftiger, muskulöser Magen zermahlt die Schalen zu feinem Grus. Charakteristisch für die Eiderenten, die ihre Jungen ebenfalls unmittelbar nach dem Schlüpfen zum Wattenmeer führen, ist der Zusammenschluss mehrerer Mütter, die mit den Jungen umfangreiche „Kindergärten“ bilden.

Neben den Brutvögeln, die ja in erster Linie Indikatoren für den Zustand einer Landschaft sind, ist das Wattenmeer in der Zugzeit aber auch von Scharen anderer Vögel belebt. In regelrechten Wolken

Im Frühjahr gehört das melodische „Läuten" der balzenden Rotschenkelmännchen zu den stimmungsvollsten Erscheinungen in den Marschen und Salzwiesen vor und hinter dem Deich. Wenn Anfang Juni die Jungen geschlüpft sind, werden sie als Nestflüchter vom Elternpaar durch das Gelände geführt.

treten Knutts und Alpenstrandläufer, Pfuhlschnepfen und Brachvögel auf und veranstalten beeindruckende Flugspiele am hohen Himmel über dem Wattenmeer. Bei Ebbe suchen sie weit verstreut im Watt Nahrung, aber die Flut treibt sie zum Land, wo sie sich zu Zehntausenden versammeln. Besonders stimmungsvoll sind die melodischen Rufe der Gold- und Kiebitzregenpfeifer und die geheimnisvollen Stimmen der Brachvögel, Pfeif- und Trauerenten.

Von den Wildgänsen ist die Ringelgans am stärksten vertreten. Sie fällt zu Tausenden auf den Marschen- und Salzwiesen ein, um dort zu äsen, ehe sie Mitte Mai zu ihren Brutplätzen an sibirischen Küsten weiterzieht. Die Weideschäden sind dabei so gravierend, dass die Halligbauern eine staatliche Entschädigung bekommen. Auch Nonnengänse (Weißwangengänse) treten mancherorts in Mengen auf (zum Beispiel auf der Halbinsel Eiderstedt) und versetzen die dortigen Bauern in Aufruhr.

Allen See- und Wasservögeln ist gemeinsam, dass sie Laute und Leben in die Meereslandschaft tragen und mit ihrem Kommen und Gehen den jahreszeitlichen Rhythmus prägen. So wie sie den Frühling in das Wattenmeer und auf die Inseln rufen, so verabschieden sie mit wehmütigen Stimmen auch den Sommer.

Unübersehbar sind die bei Ebbe auf dem grauen Watt sich geschäftig hin und her bewegenden Möwen, die Muscheln aus dem Sand treten, versteckte Strandkrabben greifen oder totes Getier vom Boden sammeln. So breit verstreut die Möwen auf den Watten der Nordseeküste zu sehen sind, besiedeln sie als Brutvögel doch nur bestimmte Gebiete, wo sie sich als „Kolonienbrüter" mehr oder weniger dicht konzentrieren. Besonders eng siedeln die Lachmöwen, deren Nester oft nur ein bis zwei Meter voneinander entfernt sind und die auf einem halben Hektar mit 500 und mehr Brut-

Schon bald nach dem Schlüpfen verlassen die jungen Brandgänse die Bruthöhle und werden von den Eltern – oft über kilometerweite Wege durch die Dünen – zum Wattenmeer geführt. Hier finden sie als echte Nestflüchter in der Geschwisterschar und bewacht von den Elternvögeln selbstständig Nahrung, wobei sie auch geschickt tauchen können. Ein Teil der Jungen geht jedoch in der Regel schon unterwegs an Krähen, ein anderer Teil im Watt an Silbermöwen verloren.

Im Frühjahr von März bis Mai ziehen unzählbare Vogelschwärme – Limikolen, Wildenten und Wildgänse – zu ihren nordischen Brutplätzen, halten sich aber wochenlang im Wattenmeer auf, um hier Nahrung zu finden und Fettreserven für die lange Reise zu bilden. Im Herbst fliegen diese Zugvögel mit Zwischenstopp im Wattenmeer wieder in ihre Winterquartiere zurück. Besonders eindrucksvoll sind die Scharen der Knutts und Alpenstrandläufer, die in regelrechten „Wolken" mit Zehntausenden von Vögeln mit Ebbe und Flut hin und her fliegen – vom Nahrungsraum Watt zu den Hochwasserrastplätzen an den Inselufern.

Eiderenten brüten auf Inseln und Halligen oft weit vom Wasser entfernt. Die geschlüpften Jungen müssen unverzüglich zum Watt geführt werden, weil sie nur dort Nahrung finden. Eiderentenmütter schließen sich gerne zusammen und betreuen ihre Jungen in „Kindergärten“.

paaren vertreten sind. Trotz der Vorliebe für unmittelbare Nachbarschaft achtet doch jedes Paar darauf, dass andere nicht zu nahe kommen. Im Bemühen, eine gewisse Distanz zu bewahren, erklingt ein unentwegtes heiseres Geschrei, das wie eine Geräuschglocke über den Lachmöwen-Kolonien liegt, solange die Brutzeit und die Zeit der Jungenaufzucht dauern.

Lachmöwen brüten vor allem in der Ufervegetation von Flachseen oder Inseln und in Speicherbecken, wie sie durch Eindeichungsmaßnahmen längs der Nordseeküste und auf etlichen Inseln entstanden sind. Aber auch das Deichvorland mit seiner Vegetation von Schlickgrasporsten und anderer hoher Salzvegetation ist ein beliebter Brutplatz. Hier werden die Gelege jedoch nicht selten durch Sturmfluten zerstört – ein Umstand, der etliche Lachmöwen veranlasst, ihre Nester hoch aufzuschichten und bedingt schwimmfähig zu machen.

Lachmöwen sind erst in den 1930er Jahren an der Nordseeküste eingewandert. Bis dahin waren sie „Binnenlandmöwen“ an Lachen (Lachmöwe) und Tümpeln, wo sie auch heute noch zu finden sind. Ihren schokoladenbraunen Kopf zeigt diese Art nur während der Paarungs- und Brutzeit. Im Winter bleibt davon nur ein dunkler Fleck am Auge zurück – und so sieht man die Vögel auch an Stadtteichen, wo sie sich gerne füttern lassen.

Lachmöweneier galten früher als Delikatesse und wurden bis zu einem bestimmten Termin, der Nachgelege zur Erhaltung der Art ermöglichte, gesammelt und in den Handel gebracht. Heute jedoch sind die Eier aller Möwenarten durch Schadstoffe belastet, sodass der Handel verboten wurde. Zusätzlich werden alle Vogelgelege, auch die der Möwen, seit 1989 durch EU-Richtlinien geschützt.

Im Juni und Juli schlüpfen die jungen Silbermöwen, und das Leben in den Möwenkolonien erlebt seinen Höhepunkt. Überall krabbeln die flaumigen Jungvögel. Sie eilen bei Gefahr auf die Warnrufe ihrer Eltern hin in die nächste Deckung, um sich regungslos in die Vegetation zu ducken. An den unterschiedlichen Flecken des Daunenkleides, vor allem aber an den Stimmen erkennen die Eltern ihre Jungen so genau, dass sie niemals fremde Jungvögel füttern.

Charaktervogel der Nordseeküste aber ist und bleibt die Silbermöwe. Sie ist zugleich auch der häufigste Brutvogel in dieser Landschaft mit Kolonien von jeweils einigen Tausend Paaren auf etlichen Ostfriesischen Inseln, vor allem auf Langeoog und Memmert, sowie auf Trischen vor Dithmarschen und auf Amrum im nordfriesischen Wattenmeer.
Silbermöwen gehören zu den „erfolgreichsten" Vögeln unserer Erde: Sie sind sehr lernfähig, können sich alle Nahrungsquellen, vom Abfall bis zum Aas, von Vogelgelegen, Jungvögeln, Kleingetier und Muscheln bis hin zu Obst und Beeren erschließen. Dabei erreichen diese von der Natur so sehr begünstigten Vögel ein Lebensalter von reichlich 40 Jahren – und haben in der Natur keinen ständigen, übergeordneten Feind, der ihre wachsende Zahl regulieren könnte. So sind diese schönen Vögel zu einer Gefahr für viele andere Arten im Küstenbereich geworden. Früher wurden auch Silbermöweneier von den Küstenbewohnern und Insulanern zu Nahrungszwecken gesammelt, womit die Nachwuchsrate im Rahmen gehalten wurde. In der heutigen Wohlstandszeit aber spielen Möweneier keine Rolle mehr. Sie sind – wie die Eier der Lachmöwe – ebenfalls mit Schadstoffen belastet und im Handel verboten. Die Silbermöwen haben außerdem gegen einen früheren Regulator ihres Bestandes, strenge Eiswinter, ein wirksames Mittel gefunden: Sie fliegen im Winter weit hinein in das Binnenland und finden auf den Müllplätzen Nahrung, nach deren weitgehender Schließung allerdings die Anzahl einiger Möwenarten rückläufig ist.
Die Silbermöwe hat eine nahe Verwandte: die Heringsmöwe, die an schwarzen Flügeldecken und gelben Beinen zu erkennen ist. Heringsmöwen bereiten dem Artenschutz gegenwärtig wenig Probleme. Sie treten kaum als Gelege- und Jungvogelräuber anderer seltener Seevogelarten auf, sondern sind vorwiegend

Heringsmöwen streiten an den Reviergrenzen. Sie sind an sich relativ friedliche Vögel und leben vorwiegend von Fischen, darunter auch der Beifang von Fischkuttern weit draußen auf See. Trotzdem ziehen sich ihre nahen Verwandten, die Silbermöwen, zurück, wo die Heringsmöwen zahlreich werden. Diese haben sich in den letzten Jahrzehnten an der Nordseeküste außerordentlich vermehrt und sind auf den meisten Inseln und Halligen als Brutvögel zu finden. Im Frühherbst ziehen Heringsmöwen bis hinunter zu den westafrikanischen Küsten und kehren erst im Frühjahr zurück.

Unter den Gänsen und Enten, die in der Zugzeit das Wattenmeer bevölkern, sind die Ringelgänse mit Scharen von einigen Tausend Vögeln am häufigsten. Sie leben draußen im Watt von Seegras und Grünalgen, kommen aber auch an Land, um auf Halligen und Vorländern Futter zu suchen – zur „Freude" der Landwirte dort, die alljährlich vom Staat eine hohe Entschädigung für Weidegrasverluste erhalten. Erst ab Mitte Mai eilen die Ringelgänse zu ihren Brutplätzen im sibirischen Eismeer zurück.

Fischfänger, wobei sie neben dem eigenen Fang auch vom Beifang der Fischkutter auf der Nordsee profitieren.

Noch bis Mitte des 20. Jahrhunderts brütete die Heringsmöwe ausschließlich auf dem ostfriesischen Düneneiland Memmert. Erst in jüngster Zeit begann sie in Richtung Osten auch die anderen Ostfriesischen Inseln zu besiedeln, während von Norden her die skandinavische Rasse nach Süden vordrang. Den erstaunlichsten Zuwachs verzeichnete dabei die Insel Amrum. Hier brütete Ende der 1960er Jahre bis Anfang der 1970er Jahre ein einziges Heringsmöwenpaar. In den 1980er Jahren erfolgte eine explosionsartige Vermehrung, und heute hat die Heringsmöwe mit etwa 8000 Brutpaaren auf Amrum die Silbermöwe im wahrsten Sinne des Wortes „überflügelt".

Im Gegensatz zu anderen heimischen Möwenarten ist die Heringsmöwe ein Zugvogel, der im Oktober bis hinunter zu den westafrikanischen Küsten fliegt. Möwen mit schwarzen Flügeldecken, die sich im Winter im Watt und am Strand, zunehmend auch in den Küstenhäfen herumtreiben, sind Mantelmöwen aus nördlicheren Breiten.

Als weitere Art kommt an der Nordseeküste die Sturmmöwe vor, die früher als Charaktermöwe der Ostsee galt, wo sie noch unverändert mit großen Brutkolonien vertreten ist. Inzwischen hat sie aber auch fast alle Nordseeinseln besiedelt und fällt Küstenbesuchern durch ihre geringe Scheu auf. Packt ein Kurgast im Strandkorb sein Brötchen aus, wird sich sehr bald eine Sturmmöwen-Versammlung bei ihm einfinden. Ebenso werden von ihnen gerne unbewachte Kuchen und Torten von Kaffeetischen im Freien abgeräumt.

Eine weitere im Bereich der deutschen Nordseeküste brütende Möwenart suchen wir jedoch im Wattenmeer und an den Inselstränden vergebens – die Drei-

Möwen sind die „Raubritter" der Nordseeküste. Am Himmel und im Watt, in Häfen und als Schiffsbegleiter – überall streifen sie beutelüstern umher. Als Allesfresser – sie verzehren auch fremde Gelege und Jungvögel – sind sie für seltene Seevogelarten eine ständige Gefahr. Ende März besiedeln sie ihre Brutplätze in den Inseldünen, wo sie im Sommerhalbjahr für Nachwuchs sorgen.

zehenmöwe. Sie ist ein Vogel der Hochsee und findet nur an der steilen Klippe von Helgoland ein ihr zusagendes Brutrevier. Dicht an dicht liegen dort auf schmalen Felssimsen und kleinen Vorsprüngen die aus Algen und Kot konstruierten, mit dem Felsuntergrund verbackenen Nester einiger Tausend Vögel, die hier von April bis Juli lärmen, ehe sie mitsamt ihren Jungen wieder aufs Meer entfleuchen.

Mit den Möwen verwandt, aber ganz anders hinsichtlich Gestalt und Lebensweise sind die Seeschwalben, die mit 42 Arten auf der Welt verbreitet sind. Fünf davon brüten an der Nordseeküste, vorwiegend in den Naturschutzgebieten auf Inseln und Halligen, aber auch in unbewirtschaftetem Gelände eines Festlandkoogs, darunter die seltene Lachseeschwalbe.

Seeschwalben sind nur Sommergäste in unseren Breiten. Sie kommen selten vor der ersten Aprilwoche und ziehen bereits im Hochsommer mit ihren Jungen wieder davon. Früher dominierte die Küstenseeschwalbe. Im Laufe des 20. Jahrhunderts hat sie jedoch ihr Verbreitungsgebiet nach Norden zurückverlegt, während von Süden und aus dem Binnenland her die Fluss-Seeschwalbe häufiger geworden ist. Beide Arten brüten oft in Kolonien zusammen und sind nur durch wenige Merkmale voneinander zu unterscheiden: Die Fluss-Seeschwalbe hat eine dunkle Schnabelspitze, während jene der Küstenseeschwalbe karminrot ist. Letztere ist sehr viel angriffslustiger und stürzt sich keckernd auf jeden Störenfried, der dem Brutrevier zu nahe gekommen ist. Nicht selten wird der Spaziergänger dabei sehr schmerzhaft am Kopf verletzt. Küstenseeschwalben brüten bis weit hinauf in den Norden und wandern als Zugvögel bis hinunter zum Eisrand der Antarktis, wo sie jedoch im Sommerhalbjahr der Südhalbkugel nicht brüten. Kein anderer Zugvogel legt alljährlich solche weiten Zugwege zurück wie die Küstenseeschwalbe.

Flora zwischen Land und Meer

Der Frühling kommt ohne Blumen in die Landschaft am Meer. Noch weit bis in den Mai, wenn die Zugvögel schon gen Norden entschwunden sind und die heimischen Seevögel bereits brüten, liegen die Salzwiesen, Halligmarschen und Stranddünen noch unter der welken Vegetation des Vorjahres, ehe sich erste Blüten in den Nordwind wagen.
Ständige salzhaltige Winde, Salzwasserüberflutungen und Stürme bedingen auf Salzwiesen und an den Stränden der Inseln und Halligen eine besondere Pflanzengesellschaft, die dem extremen Lebensraum angepasst ist. Die Pflanzen müssen den Salzeinfluss vertragen. Daher besitzen etliche von ihnen fleischige (sukkulente) Stängel und Blätter, um durch die Speicherung von Süßwasser der Salzkonzentration zu begegnen. Andere Pflanzen wiederum sind bis zu einem gewissen Grad salzverträglich, benötigen Salz sogar in bestimmten Mengen, um zu existieren.
Ein weiteres Problem der Pflanzen ist die Standfestigkeit im fast ständigen und oft stürmischen Wind. Deshalb kriechen etliche Arten dicht über dem Boden hin und wagen nicht, sich aufzurichten. Andere Pflanzen, wie zum Beispiel Strandhafer und Strandroggen, sind sehr biegsam und geben dem Wind nach. Charakteristisch sind auch die Schutzvorkehrungen vor Verdunstung, trocknen doch Wind und Sonne gleichermaßen die Pflanzen aus. Deshalb tragen manche Arten Wachsschichten oder ein feines Haarkleid. Manche schützen sich durch Einrollen der Blätter vor äußeren Einflüssen. Ein großer Teil der Küstenflora ist wegen der beschränkten Insektenfauna windblütig, und viele Arten verbreiten ihre Samen durch die Flut.
Das Pflanzenleben beginnt schon außerhalb des Wattufers, dort wo Ebbe und Flut wirksam sind. Hier stehen, bis zu einem Meter unter der Hochwasserlinie, die runden dichten Porste des Englischen Schlickgrases. Diese Pflanze wurde Ende der 1920er Jahre an der deutschen Nordseeküste ausgesät, weil man sich durch sie eine Förderung der Landgewinnung versprach. Diese Hoffnung hat das Schlickgras jedoch nicht erfüllt, weil die runden Porste von der Flut umströmt werden und Schlickfang nur im unmittelbaren Bereich der Pflanze erfolgt. So ist der Queller die Pionierpflanze der Neulandbildung geblieben. Auch der Queller mit seinen Stängeln und Ästen wächst unter der Hochwasserlinie. Er erinnert an kleine Kakteen. Kein Wunder – ist sein ganzes Dasein doch darauf ausgelegt, Süßwasser zu speichern, um der Salzkonzentration entgegenzuwirken. Im Herbst, wenn er abstirbt, färbt er sich rot und verleiht der Uferzone am Watt eine auffällige Farbe.
Dem Queller ähnlich ist die blattsukkulente Strand-Sode. Auch sie wagt sich bis unter die Hochwasserlinie, wächst aber

Der Queller (links) gilt als „Pionier" der Neulandbildung. Vom Wattufer aus wagt sich diese kakteenartige Salzpflanze bis zu einem halben Meter unter der Hochwasserlinie hinaus auf das Watt. Durch Wasserspeicherung in seinen dickfleischigen Stängeln reguliert der Queller den Salzeinfluss. Erst im Herbst stirbt diese einjährige Pflanze ab und färbt sich dann blutrot.

Strand-Grasnelken sind weit verbreitete Blumen und an geeigneten Standorten auch im Binnenland zu finden. Aber nirgendwo sind sie so häufig vertreten wie an der Nordseeküste. Sie blühen von Mai bis in den Oktober hinein und werden auch „Kranzrosen" genannt, weil sich die Kinder früher aus den langen Stängeln und den Blütenköpfen Haarkränze flochten.

auch auf dem höheren Ufer der Salzwiesen, während die hoch aufschießende Strand-Melde die unmittelbare Anspülkante liebt, wo ihr Dasein durch den Humus verrotteter Seegräser und Algen begünstigt wird. Wo die Strandmelde steht, werden andere Salzpflanzen in der Regel verdrängt.

Andernorts hat sich der Strand-Beifuß, auch See-Wermut genannt, die Ufer- und Grabenkante der Salzwiese erobert. Stängel, Äste und Blätter wirken wie silbergraues Filigranwerk, ganz unscheinbar jedoch sind die gelblich grünen Blüten. Weniger auffällig und oft als Einzelbusch wachsend ist der Strand-Dreizack mit seinen spitzen Blättern und den krümeligen Fruchtständen sowie der ähnliche Strand-Wegerich, dessen Blätter früher als spinatähnliches Gemüse gegessen wurden. Die Salzmelde dagegen mit ihren holzigen Stängeln und silbergrünen Blättern breitet sich oft rasenartig an Grabenkanten und über Salzwiesen aus.

Andere Salzpflanzen kriechen unscheinbar über den Boden und machen erst auf sich aufmerksam, wenn sie sich mit Blüten schmücken. Dazu gehören das Milchkraut und die Salz-Schuppenmiere, die in der Pflanzengesellschaft der Salzwiesen verstreut, oft nur als Einzelexemplare zu finden sind. Auffälliger ist dagegen das Strand-Tausendgüldenkraut mit seinen verzweigten Büscheln, die mit rosa Blütensternen übersät sind. Diese Pflanze ist jedoch weniger häufig und auch nicht alljährlich zu finden.

Charakteristisch und unübersehbar sind das Dänische Löffelkraut, der Strandflieder und die Strand-Aster. Das Löffelkraut blüht mit seinen weißen Blütenköpfen bereits im Mai und überzieht die Salzwiesen oft in verschwenderischer Fülle. Der Strandflieder setzt später, im Hochsommer, einen ganz besonderen Akzent auf Salzwiesen und Halligland. Weithin schmückt diese Pflanze mit ihren breiten, violetten Blütenbüscheln die

Die Dünenrose (links) ist eine sehr seltene Pflanze und mancherorts vom Aussterben bedroht. Im Juni wird das stachelige Gestrüpp mit weißen Blüten geschmückt, denen später schwarze Hagebutten folgen.

Stranddisteln waren früher auf den Geest- und Düneninseln an der Nordseeküste weit verbreitet, sind heute aber von vielen Inseln verschwunden. Die Ausrottung wird dem übermäßigen Abpflücken seitens der Kurgäste zugeschrieben, die Stranddisteln wegen ihrer langen Haltbarkeit als „Andenken“ mit nach Hause nehmen.

Weidelandschaft am Wattenmeer. Auf den Halligen wird sie auch „Bondestave“ und andernorts „Halligheide“ genannt, weil die dichten, geschlossenen und hektargroßen Bestände an Heide erinnern. Der Strandflieder verträgt, ja benötigt sogar eine gewisse Beweidung und Mahd (Schnitt), weil er sonst von anderen hoch wachsenden Gräsern verdrängt wird.
Wie der Strandflieder, so gehört auch die Strand-Aster zu den wenigen hoch aufwachsenden Blumen der Salzwiesengesellschaft. Sie wird bis zu 70 Zentimeter hoch und überragt damit alle anderen Arten ihres Lebensraums. Sie tritt jedoch nur selten in dichten, geschlossenen Beständen auf. Die Strand-Aster blüht von Juli bis weit in den September hinein, wenn alle anderen „Salzblumen“ schon vergangen sind. Zuletzt ist die Strand-Aster von watteartigen Samenflocken ganz umhüllt, ehe sie diese mit dem Wind auf Fortpflanzungsreise schickt.
Ganz anders als die Vegetation der Salzwiesen auf dem Marschenboden am Wattenmeer ist jene auf den sandigen Küstenwällen und Stranddünen. Hier dominiert im Bereich der Hochwasserlinie die Salzmiere, die mit ihren dickfleischigen Blättern fast rasenartig den Boden überzieht und ein ausgesprochener Halophyt ist, das heißt mit der Fähigkeit versehen, Süßwasser zu speichern, um der Austrocknung und der Salzkonzentration entgegenzuwirken. In der Mitte des Sommers ist die Salzmiere mit weißen Blüten geschmückt.
Höher angesiedelt und nur von Sturmfluten erreichbar ist die Strand-Platterbse mit ihren auffälligen violetten Blüten. Sie benötigt die Gesellschaft von Strandhafer oder Strandroggen, an deren Blättern und Stängeln sie sich festranken kann. Im Hochsommer trägt sie Bündel erbsenähnlicher Fruchthülsen. Die Strand-Platterbse ist eine sehr seltene Pflanze und nur mancherorts zu finden.
Charakterpflanze des Flutsaums ist der Meersenf. Er benötigt viel Stickstoff und gedeiht deshalb am besten auf jungen Sandaufwehungen und auf dem Humus versandeter alter Flutsäume – ein Lebensraum, der sich auf schmale Streifen längs des Strandes beschränkt. Dort aber entfaltet er oft ausgedehnte Büsche mit saftigen Stängeln und Blättern und schmückt sich mit einer Fülle von weißen bis zartvioletten Blüten – von Bienen, Schmetterlingen und anderen Insekten umsummt. Die Verbreitung der Samen erfolgt allerdings durch die Flut.
In diesen schmalen Streifen zwischen Strand und Land gehören auch die stacheligen Büsche des Salzkrauts und eigenartigerweise auch die hoch auf-

schießende Acker-Gänsedistel, die eigentlich eine Binnenlandpflanze ist, aber – salzverträglich – auch in der Strandzone eine Daseinsgrundlage findet.
Eine besondere Rolle hinsichtlich des Werdens und Vergehens von Landschaften am Meer spielen Strandweizen, Strandroggen und Strandhafer. Ersterer wagt sich bis weit auf die Seesände und flachen Strände hinaus und gilt hier als Pionier erster Dünenbildung. Im Schutz der spärlichen Halme sammelt sich Sand, der bald höher anwächst und mit dem sich verwurzelnden Strandweizen, auch Strand-Quecke genannt, kleine Dünen bildet. Auf diesen wiederum siedelt sich der salztolerante Strandroggen an, ehe sich der Strandhafer ausbreitet und bald die Hänge der Dünen dominiert.
Strandhafer verträgt wie der Strandweizen, jedoch im Gegensatz zum Strandroggen, die Übersandung von ruhelosen Dünen. Er liebt sie geradezu, weil mit frischem Sand auch die ständige Zufuhr von Nährstoffen garantiert ist. Für den Dünen- und Küstenschutz spielt *Ammophila arenaria*, der „Sandliebende", eine große Rolle. Er wird dort gestochen, wo er sehr dicht steht, um dann büschelweise auf kahlen Dünenflächen wieder eingepflanzt zu werden, damit er sie durch seinen Bewuchs bald befestigt. Früher wurde Strandhafer auf den Düneninseln der Nordsee zur Herstellung von Seilen, den „Reepen", genutzt und fand auch als Dachdeckermaterial Verwendung.

Strandweizen, Strandroggen (Foto) und Strandhafer sind die dominierenden Pflanzen in der sandigen Küstenzone der Nordsee. Im Strandweizen auf Sandbänken sammelt sich der Sand, auf den heranwachsenden Dünen siedelt sich der Strandroggen an und die höheren Dünen werden vom Strandhafer bewachsen.

Ist der Strandhafer allgegenwärtig, so steht die Stranddistel nur hier und dort auf sandigen Dünen und weiter landeinwärts, so weit der Salzspray reicht. Diese Pflanze, die mit stacheligen, derben Blättern und blauen Blütenköpfen an eine Distel erinnert, ist aber gar keine, sondern ein Doldengewächs (See-Mannstreu). Sie ist überall selten geworden und wurde deshalb unter Naturschutz gestellt.
In diese Küstenlandschaft gehört auch die Grasnelke, deren rosa Blütenköpfe von Mai bis Oktober zu finden sind, Strand-Grasnelken stehen sowohl auf höheren Lagen der Salzwiesen als auch auf sandigen Graudünen, oft dicht an dicht. Und während viele andere Pflanzen sich an der windreichen Küste mit niedrigem Wuchs begnügen, schaukeln die Blütenköpfe der *Armeria maritima* auf langen, dünnen Stängeln unablässig im Wind.

Im Vordeichland – wie hier in der Leybucht bei Greetsiel – hat der Mensch mit den Entwässerungsgrüppen (Gräben) seine Handschrift hinterlassen. Auch hier streiten sich Ökologen mit den Nutzern, in diesem Fall mit den Landwirten. Die einen wünschen sich im Vordeichbereich geschützte Salzwiesen und Überschwemmungsflächen, die anderen würden gerne ihr Vieh dort weiden lassen. Beide haben auf ihre Weise Recht: Salzwiesen mit ungestörter Flora sind Lebensraum auch spezieller Insekten, aber hochwachsende Vegetation nimmt andererseits zahlreichen Seevögeln die Brutmöglichkeiten. Sie scheuen höheren Bewuchs und können dort auch nicht die Jungen füttern.

Der Strandflieder gilt als Charakterpflanze der Salzwiesen, des Wattufers und des Halliglandes. Im Juli breitet er seine rosavioletten Blütenkronen aus und bedeckt seine Umgebung wie ein Teppich. Aus grundständigen derben Blättern wächst der kräftige Stängel mit seiner Blütenkrone heraus, behauptet sich gegen den Wind und kann auch Überflutungen mit Salzwasser vertragen. Wird die Salzkonzentration in den Blättern zu hoch, sterben diese ab und leuchten gelb und rot.

Glossar

Anwachs
Bildung von Neuland an der Nordseeküste durch natürliche Sedimentation von Schlick und organischen Stoffen im Wattenmeer in strömungsruhigen Buchten oder in künstlichen Buhnensystemen.

Binnengroden
siehe Koog

Blanker Hans
Im 17. Jahrhundert geprägte Bezeichnung für die stürmische Nordsee, besonders bekannt geworden durch die dramatische Ballade über den Untergang von Rungholt von Detlev von Liliencron (1883)

Buhnen
Lange, meterhohe Werke aus Steinen, Pfählen oder Balken. Buhnen dienen dem Küstenschutz durch Umleitung von Strömungen oder Strömungsberuhigung zwecks Neulandgewinnung.

Deichgraf
Gewählter Vorsteher eines Deichverbands, der für die Unterhaltung und Anlage der Deiche zuständig ist.

Dünen
Sandhügel und Wälle bis über 30 Meter hoch, gebildet durch den vom Strand aufwehenden Seesand, zunächst von spärlicher Salzvegetation, später von dichtem Strandhafer, Heide u. Ä. bewachsen.

Ebbe
siehe Gezeiten

Flora und Fauna
Eigenartige Salzwiesen- und Dünenpflanzen, dem Salz und dem Wind angepasst, sowie große Seevogelkolonien mit Möwen, Seeschwalben, Limikolen und anderen prägen die Landschaften der Küste, der Inseln und Halligen.

Flut
siehe Gezeiten

Friesen
Küstengermanisches Volk, das sich nach Beginn der Zeitrechnung aus Gegenden der Rheinmündung über Holland und das heutige Ost- und Nordfriesland verbreitete. Friesen machten sich als Deichbauer und weltweite Seefahrer sowie als Verteidiger historischer Freiheitsrechte einen Namen.

Geest
Abgeleitet von güst = unfruchtbar. Geest ist der eiszeitliche Boden mit Geröllen und Findlingen, der weite Teile Dänemarks und Norddeutschlands bedeckt und die Kerne der Inseln Sylt, Föhr, Amrum und Texel bildet.

Gezeiten
Ebbe und Flut, bewirkt durch die Anziehungskraft des Mondes sowie Fliehkräfte auf der mondabgewandten Seite der Erde. Stehen Mond und Sonne mit der Erde in einer Linie, wirkt zusätzlich die Anziehungskraft der Sonne, und es entsteht eine Springflut. Gezeiten gibt es an den Küsten aller Weltmeere.

Grüppeln
Das Ausheben von Gräben in der Küstenmarsch zwecks Entwässerung sowie im Anwachs für die schnellere Erhöhung des Wattbodens zur Neulandgewinnung.

Halligen
Kleine, nicht eingedeichte Inseln im nordfriesischen Wattenmeer an der Nordseeküste Schleswig-Holsteins und Dänemarks. Sie werden bei Hochwasser überflutet; die Gehöfte liegen zum Schutz auf vier bis fünf Meter hohen Warften. Halligen dienen als natürliche Wellenbrecher und schützen so die Festlanddeiche.

Koog
So heißt das nach vorheriger Landgewinnung eingedeichte Marschenland an der Küste von Schleswig-Holstein. In Ostfriesland und den Niederlanden sagt man Polder und im Raum Jade-Weser Binnengroden.

Marsch
Fruchtbares, tischebenes Land an der Nordseeküste, auf Inseln und Halligen, entstanden aus Ablagerungen von Schlick und sonstigen Sedimenten von früheren, höheren Meeresspiegeln.

Nationalpark Wattenmeer
Das gesamte Wattenmeer vor der deutschen Nordseeküste wurde seit 1985 in die Nationalparks von Schleswig-Holstein, Hamburg und Niedersachsen einbezogen. Diese vermitteln die höchste Stufe des Naturschutzes, mancherorts mit Betretungsverbot. Naturzentren an der Küste und auf den Inseln geben einen Einblick in Fauna und Flora.

Odde
Nordgermanische Bezeichnung für eine ins Meer hineinragende Landzunge, wie die Amrum-Odde, Steenodde, Hörnum-Odde, Skagen-Odde (Dänemark), Hammer-Odde (Norwegen).

Oog
Friesische Bezeichnung für Insel, siehe Schiermonnikoog (Niederlande), Langeoog, Spiekeroog, Wangerooge, Oldeoog (Ostfriesland), Norderoog und Süderoog (Nordfriesland).

Polder
siehe Koog

Priel
Flussartige Wasserläufe, die vom Ebbestrom in Sand und Schlick des Wattbodens gegraben werden, zunächst in Form kleiner Rinnsale, die sich durch den Zusammenschluss zu breiter und tiefer werdenden Prielen und Wattströmen erweitern.

Salzwiesen
Marschenland außerhalb der Deiche, das bei höheren Fluten mit Salzwasser überflutet wird und deshalb eine besondere, salzvertragende Pflanzen- und Tierwelt bedingt.

Siel
Deichdurchlass für die Entwässerung der Küstenmarsch. Die Tore der Siele öffnen sich selbsttätig bei Ebbe und schließen sich bei Flut.

Sperrwerke
Mächtige, aus Stahl und Beton gebaute Anlagen, die küstennahe Flussmündungen (z. B. von Eider und Ems) absperren, aber schiffbare Durchlässe aufweisen. Sperrwerke werden bei Sturmfluten geschlossen, sie verkürzen und schützen die binnenseitigen Flussdeiche.

Springflut
siehe Gezeiten

Sturmfluten
Höhere, durch den Windstau verursachte Fluten, die bei Orkan bis zu vier Meter und höher über das mittlere Hochwasser auflaufen. Südweststürme bedrohen vor allem die Küsten und Inseln Schleswig-Holsteins, Nordweststürme Elbe- und Wesermündung und die Ostfriesischen Inseln. In der Regel wechselt die Windrichtung mit dem ostwärts wandernden Tief von Südwest nach Nordwest. Ganz schwere Orkanfluten sind selten, sie treten nur alle 30 bis 50 Jahre auf.

Tidenhub
Höhenunterschied zwischen Niedrigwasser und Hochwasser, an der Nordseeküste je nach Küstenformation 1,50 bis etwa vier Meter.

Warft
Künstlich aufgeworfene Wohnhügel zum Schutz von Häusern bzw. ganzen Dörfern. In Ostfriesland werden die Warften auch Wurten genannt. Viele Warften tragen männliche Vornamen und weisen damit auf deren Errichtung durch Familienverbände hin.

Watt
Meeresboden, der bei Ebbe trockenfällt. Auch Felsen, zum Beispiel rund um Helgoland oder an Atlantikküsten, gehören dazu. Vor allem aber besteht der Wattboden aus Sand, gebietsweise auch aus Schlick. Watten sind an den Küsten aller Ozeane mit Gezeiten zu finden.

Krabbenkutter gehören zur Nordseeküste. Von zahlreichen Häfen laufen sie aus, um im Küstenbereich und in den Prielen des Wattenmeeres Krabben, richtig: Garnelen, zu fangen. Am Nachmittag kehren sie mit ihrem Fang zurück, und Küstenbewohner und Besucher eilen zum Hafen, um frisch gekochte Krabben zu kaufen und ihre Geschicklichkeit beim Auspulen zu beweisen. Haupthäfen von Krabbenkuttern an der schleswig-holsteinischen Küste sind Friedrichskoog, Büsum, Tönning, Husum, Pellworm und Wyk – an der niedersächsischen Küste Cuxhaven, Fedderwardersiel, Neuharlingersiel, Greetsiel und andere.

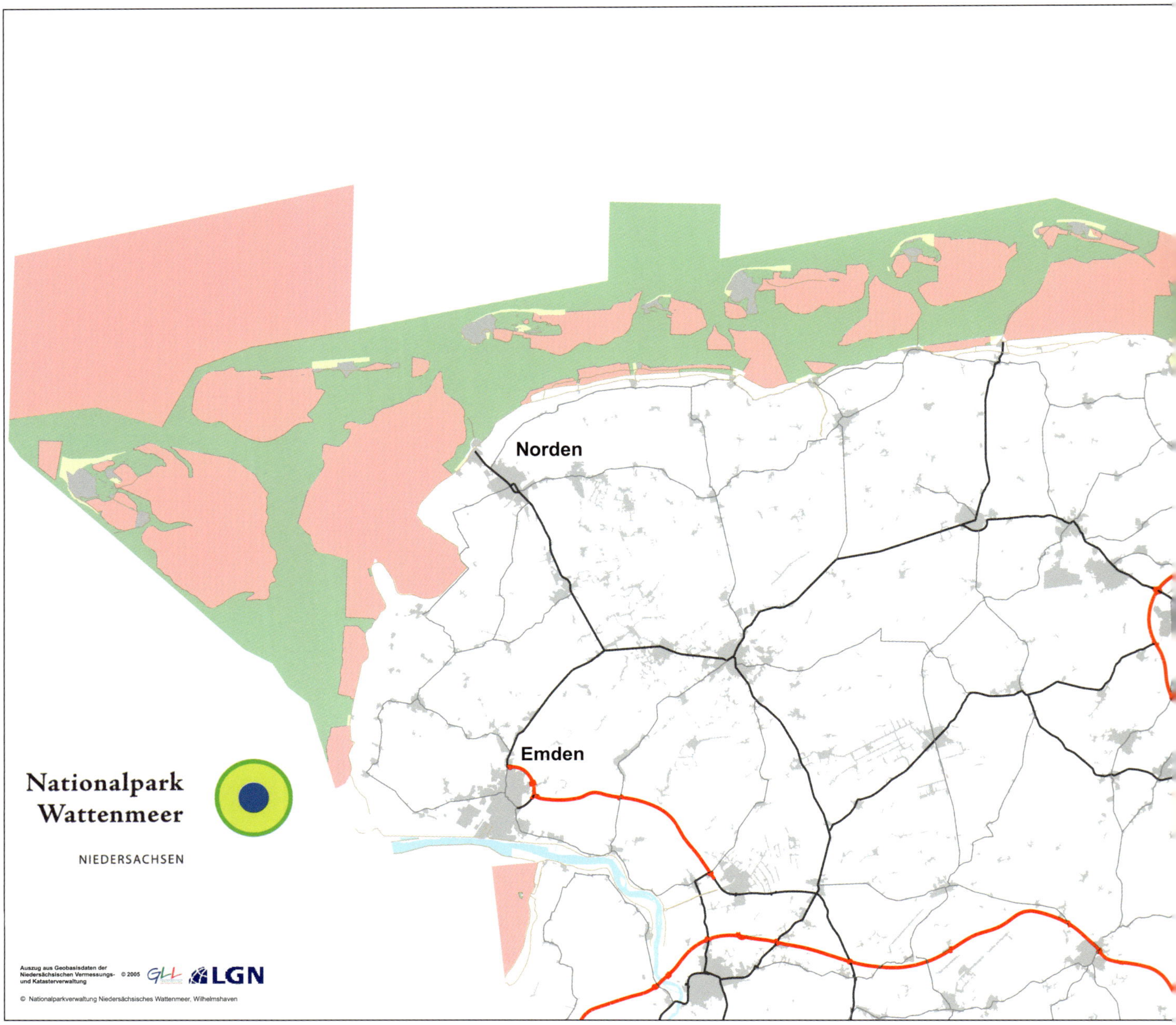
Norden
Emden
Nationalpark
Wattenmeer
NIEDERSACHSEN
Auszug aus Geobasisdaten der
Niedersächsischen Vermessungs-
und Katasterverwaltung
© 2005
GLL
LGN
© Nationalparkverwaltung Niedersächsisches Wattenmeer, Wilhelmshaven

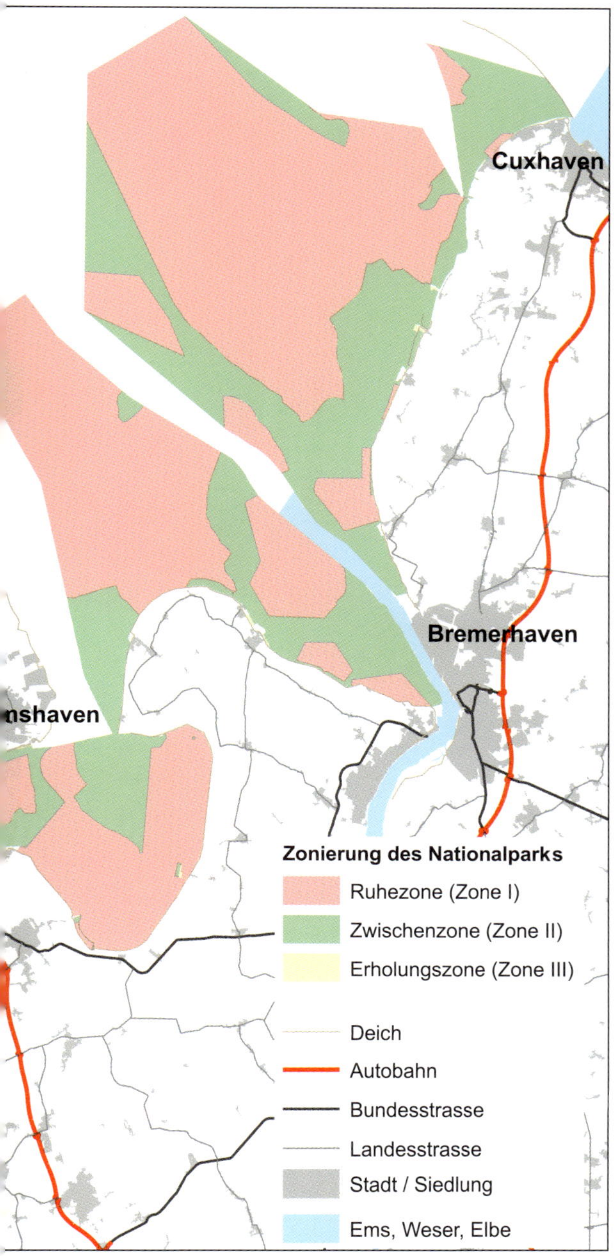

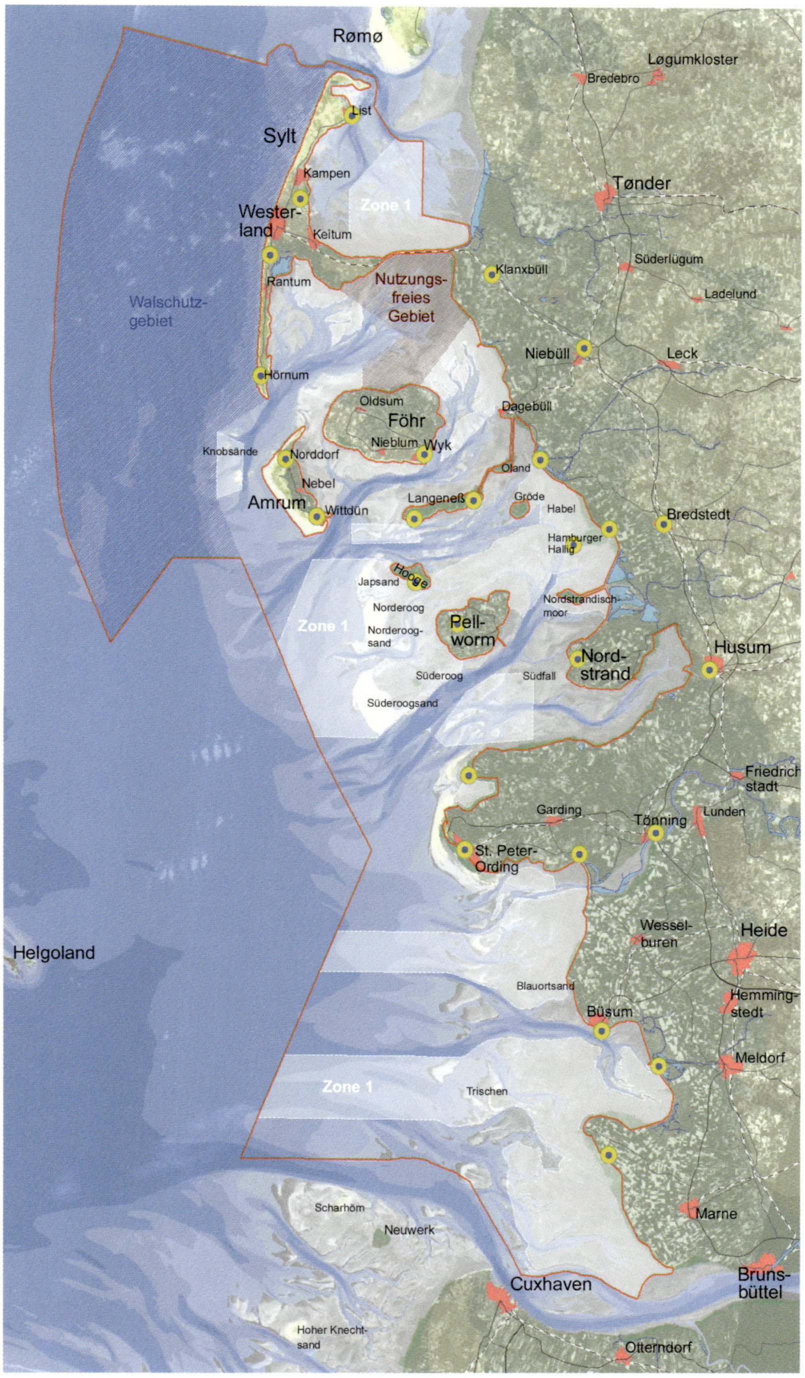

Nationalpark Schleswig-Holsteinisches Wattenmeer

Kartenerstellung: LKN-SH Nationalparkverwaltung

Landesbetrieb für Küstenschutz, Nationalpark und Meeresschutz Schleswig-Holstein

Fachbereich Umweltbeobachtung und Planungsgrundlagen

Schlossgarten 1 | 25832 Tönning

www.wattenmeer-nationalpark.de
www.lkn.schleswig-holstein.de

Bearbeiter: Bärbel Eisenblätter & Jörn Kohlus
Datum: 13.07.2009

Maßstab: 0 1 2 4 6 8 10 Kilometer

Kartenhintergrund : LKN-SH, und Atkis-Daten, Landesvermessungsamt Schleswig-Holstein

Nationalpark Wattenmeer
SCHLESWIG HOLSTEIN

Autor/Bildnachweis/Impressum

Georg Quedens, geb. 1934 in Norddorf auf Amrum, lebt auf seiner Heimatinsel als freiberuflicher Schriftsteller und Fotograf. Bisher verfasste er über 50 Bücher zur Geschichte und Natur der nordfriesischen Inselwelt, über die Nordsee und das Wattenmeer sowie zahlreiche Beiträge zu diesem Themenkreis in Natur- und Jugendzeitschriften.

Titelabbildung:
Das Watt und die Nordsee sind die Heimat der Seehunde.

Alle Fotos: Georg Quedens, Norddorf/Amrum
außer:
Ottmar Heinze, Hamburg: Seite 58/59, 102/103
Gerhard Launer WFL-GmbH, Schießhausstraße 14, 97228 Rottendorf, Tel. 09302-9081-0, Fax 09302-9081-41: Seite 8/9, 32
Kai Quedens, Hamburg: Seite 67

Bibliografische Information der Deutschen Bibliothek
Die Deutsche Bibliothek verzeichnet diese Publikation in der Deutschen Nationalbibliografie; detaillierte bibliografische Daten sind im Internet über http://dnb.ddb.de abrufbar.

ISBN 978-3-8319-0386-3

2. Auflage 2012

Text und Bildlegenden: Georg Quedens, Norddorf/Amrum
Lektorat: Simone Winkens, Hamburg
Gestaltung: Büro Brückner + Partner, Bremen
Karten: Nationalparkverwaltung Schleswig-Holsteinisches Wattenmeer, Tönning; Nationalparkverwaltung Niedersächsisches Wattenmeer, Wilhelmshaven
Lithografie: Griebel-Repro, Hamburg
Gesamtherstellung: Offizin Andersen Nexö Leipzig GmbH

www.ellert-richter.de